混凝土结构电化学保护技术

冯乃谦　郝挺宇　编著

中国建筑工业出版社

图书在版编目（CIP）数据

混凝土结构电化学保护技术/冯乃谦，郝挺宇编
著. —北京：中国建筑工业出版社，2019.3
ISBN 978-7-112-23240-6

Ⅰ. ①混… Ⅱ. ①冯… ②郝… Ⅲ. ①混凝土结
构-电化学保护 Ⅳ. ①TU37

中国版本图书馆 CIP 数据核字（2019）第 020902 号

　　本书介绍了混凝土结构电化学保护技术的机理、设计、施工及维护管理等，给出各种工法的应用实例，以及不同腐蚀的检测方法。在日本、美国以及欧洲的一些国家已经十分重视混凝土结构的电化学保护技术，我国也急迫需要推广。全书共分28章，主要内容包括：导论；电化学保护技术的基础知识；钢铁的腐蚀；电化学保护（防腐蚀）技术的原理；氯离子对混凝土结构中钢筋的腐蚀及检测；电化学保护（防腐蚀）技术的特征；在盐害环境下混凝土结构的电化学保护技术；混凝土结构的中性化与检测；电化学防腐蚀工法设计前的调查；电化学防腐蚀工法的适用范围；电化学防腐蚀工法的设计；各种电化学保护（防腐蚀）方式和特点；电化学防腐蚀的工程应用的实例；内部电流（牺牲阳极）的电化学保护与应用；混凝土结构的脱盐工法；脱盐工法的施工；脱盐工法施工应用实例；采用脱盐工法维修后结构的维护管理；混凝土的再碱化工法；再碱化工法的适用范围；再碱化工法的设计；再碱化工法的施工应用及维护管理；再碱化工法实施例；电化学植绒工法概要与适用范围；电化学植绒修补工法的设计；电化学植绒工法的施工与维护管理；电化学植绒修补工法的应用实例；电化学保护技术在我国混凝土桥梁中的应用。

　　本书适用于高等院校的相关专业师生，同时也可供有关工程技术人员参考。

　　责任编辑：辛海丽　郭　栋
　　责任校对：姜小莲

混凝土结构电化学保护技术
冯乃谦　郝挺宇　编著

*

中国建筑工业出版社出版、发行（北京海淀三里河路 9 号）
各地新华书店、建筑书店经销
霸州市顺浩图文科技发展有限公司制版
天津安泰印刷有限公司印刷

*

开本：787×1092 毫米　1/16　印张：15¼　字数：305 千字
2019 年 4 月第一版　　2019 年 4 月第一次印刷
定价：60.00 元
ISBN 978-7-112-23240-6
（33532）

前　　言

混凝土结构的耐久性，讲述了结构在所处的环境中，遭受了相应的劣化因子作用，或多个劣化因子的综合作用，由健全状态变成损伤、劣化、破坏的状态；讲述了劣化机理、损伤破坏的原因及应采取的对策等。混凝土结构的电化学保护技术，主要是保护混凝土中的钢材（钢筋）免遭腐蚀或控制腐蚀，使混凝土结构能健全的工作。因为如果混凝土中的钢材受到腐蚀，甚至劣化破坏了，整个结构就要瘫倒。混凝土结构中钢材的腐蚀，虽然是由于盐害作用、中性化作用或其双重作用，或由于混凝土开裂、劣化因子直接对钢筋的腐蚀等，但是最根本的原因是在劣化因子的作用下，钢筋（钢材）表层的钝化膜受到了损伤，在钢筋上发生了微电池反应、大电池反应，使表层的钝化膜受到更大的损伤破坏，钢筋受到的腐蚀更严重。我国改革开放初期，在海边建成的钢筋混凝土桥梁，投入使用不到10年，桥两边的边梁底部的混凝土保护层整片剥落，这是由于钢筋受到腐蚀产生铁锈，体积增大而发生的。

混凝土结构中钢材的腐蚀是一种电化学腐蚀。由于钢筋（钢材）表面钝化膜缺损，发生电化学反应，铁元素放出电子（阳极），产生电流流入钢筋的健全部分（阴极）。形成腐蚀电池。腐蚀电池的阴极和阳极都处在同一根钢筋上。因此，混凝土中的钢筋也可以通过电化学的方法加以保护。这种保护也叫作阴极保护。

钢筋要得到完全阴极保护，必须对钢筋进行阴极极化，使钢筋总电位降低至与腐蚀电池阳极的开路电位相等。这时钢筋表面，原来是腐蚀电池的阳极区域变为阴极区域，整个钢筋表面变为大阴极。在一个原电池中，阴极是不受腐蚀的，这就是阴极保护的原理。

混凝土结构的电化学保护，主要是保护混凝土中的钢筋免遭腐蚀，使结构物具有优良的耐久性和长的工作寿命。电化学保护的方法，主要是给钢筋输入防腐蚀电流。有两种方式：（1）外部电流方式：在混凝土表面上（或适宜处）设置临时阳极，与直流电源装置的阳极相接，电源装置的阴极与钢筋相接；通电后，电流（防腐蚀电流）从阳极经混凝土流入钢筋，钢筋成为大阴极而免遭腐蚀。（2）内部电流方式：利用金属离子化的高低不同，例如，铝、锌、镁等的离子化倾向比铁高，通过利用这些金属的离子化，抑制铁的离子化（腐蚀）。也即把要防腐蚀的钢材（钢筋）作为阴极，比钢材（钢筋）离子化高倾向的（更活泼）金属为阳极，由于两极之间的电位差而产生电流的方法。

电化学保护技术，对混凝土结构还有另一方面的内容，对混凝土结构的电化学修补，包括混凝土的再碱化工法、混凝土的脱盐工法及混凝土裂缝的电植绒工法。再碱化使混凝土的碱性提高，pH 值提高，恢复了混凝土对钢筋的碱性保护，表面损伤的钝化膜得以修复；脱盐工法使混凝土中钢筋周边的氯离子含量低于极限值，钢筋的钝化膜也得以修复；电化学植绒工法修补了混凝土的裂缝，抗渗性、耐久性提高，对钢筋的保护功能提高。

　　本书对上述内容从基础知识、基本原理、实际应用和工程实际，作了全面的论述，还请郝挺宇博士专为本书写了一章"混凝土结构的电化学保护技术在我国的工程应用"。力求从理论和实际相结合上做得更好些。

　　根据日本鹿岛建设株式会社月永洋一研究员的介绍，经使用 40 年的海港码头，已进行了 3 次修补，用牺牲阳极及断面修复相结合工法与普通维修工法相比，每平方米维护管理费用可节省 1/3 以上。电化学保护技术，对混凝土结构在技术上和经济上都有很重要的意义。

　　编写本书的过程中，得到了向井毅教授、笠井芳夫教授的指导与帮助；也得到了西林新藏教授的讲学交流和多方面的指导；新加坡陆金平先生、国内季元升先生及多方朋友的鼓励和支持，通过交流，得到了加拿大的 VECTOR 公司和日本的 CHUKEN CONSULTANT 公司的参考资料，丰富了本书的内容。致以衷心感谢。

　　本书可供从事该方面学习、研究的师生及相关工作的技术人员参考。书中难免有错误和问题，请批评指正！

冯乃谦

于清华大学

目　　录

第1章 导 论

对于混凝土结构物，无论是已建成的或者是要新建的，都可以采用电化学保护技术对结构进行保护。所谓电化学保护（或称为电化学防腐蚀），是通过阳极把外部的直流电流输送给混凝土内部的钢材（钢筋），防止钢材（钢筋）的腐蚀，抑制结构物劣化的一种方法。

1.1 混凝土中钢材的腐蚀是一种电化学腐蚀

混凝土结构建成后，由于外荷载作用及所处环境下劣化因子的作用，会使内部的钢筋（钢材）发生腐蚀，使混凝土开裂剥落，使结构劣化加剧，承载力降低。如图 1-1 所示。

(a)　　　　　　　　　　　　　(b)

(c)

图 1-1　环境劣化因子作用使钢筋锈蚀结构劣化

(a) 混凝土梁中性化钢筋锈蚀；(b) 钢筋锈蚀体积膨胀开裂；(c) 沿海混凝土结构受盐害劣化

混凝土中钢筋的腐蚀反应概要如图 1-2 所示。在环境的劣化因子 Cl^- 的作用，和大气中劣化因子对混凝土的中性化作用，混凝土的 pH 值降低，钢筋表面的钝化膜受到损伤，使钢筋发生孔蚀。一般情况下，孔蚀的孔呈圆形。在蚀孔的底部，发生铁溶解的离子化反应（氧化反应，也称阳极反应）放出电子，而且一直进行。而在钢筋健全部分，发生还原反应（也称阴极反应）；在阴极发生氧化剂，消耗阳极反应放出的电子。而且这两种反应同时发生。

$$Fe \longrightarrow Fe^{2+} + 2e^- \qquad （阳极）$$
$$(1/2)O_2 + H_2O + 2e^- \rightarrow 2OH^- \qquad （阴极）$$

将阳极反应与阴极反应汇合在一起，反应如下：

$$Fe + (1/2)O_2 + H_2O \longrightarrow Fe(OH)_2$$

溶解度很低的 $Fe(OH)_2$，在蚀孔入口处沉淀，妨碍了其他的 Fe^{2+} 向外部扩散，进一步发生以下反应：

$$4Fe^{2+} + O_2 + 8OH^- + H_2O \longrightarrow 4Fe(OH)_3$$

也即铁锈体积增大、增多，混凝土会开裂，混凝土的 pH 值降低，孔蚀也就逐步发展起来。腐蚀进一步发展。

钢筋中的阳极反应与阴极反应仍是一直进行着。而且，这两种反应同时发生。钢筋表面发生阳极部分电位低；阴极部分电位高，这样就发生电位差。同时，电流（腐蚀电流）在混凝土中由阳极流向阴极，对钢筋进行着腐蚀。这种腐蚀反应最终生成红色的 FeOOH（日本土木学会）和黑色的 Fe_3O_4，在钢筋表面生成锈蚀层。这就是混凝土中钢筋的电化学腐蚀反应。

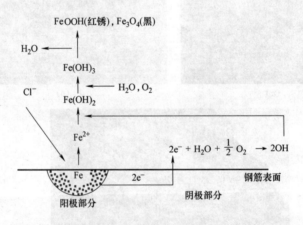

图 1-2　混凝土中钢筋的腐蚀反应概要

电化学保护技术（或称电化学防腐蚀工法），是在混凝土表面或在其近旁设置阳极，电流经过电解质混凝土流入钢筋，使钢筋表面没有电位差发生，以抑制钢筋腐蚀的一种技术，或者称为抑制钢筋腐蚀的工法。

1.2 电化学保护技术（防腐蚀技术工法）的原理

为了解释电化学保护技术的原理，可参阅图 1-3。

在图 1-3 (a) 中的阳极反应，发生更多的腐蚀电流流向钢筋的另一端（阴极）。也就是阳极部分和阴极部分之间，由于发生电位差，腐蚀电流由阳极流向阴极的流动状态。通过电化学保护技术，在混凝土表面设置阳极系统，通过阳极系统向钢筋输入直流电流，如图 1-3 (b) 所示。

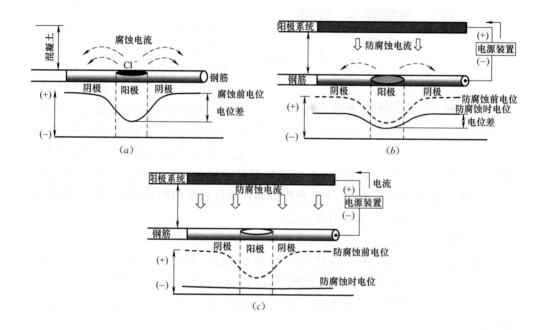

图 1-3 电化学保护技术（防腐蚀）的原理

(a) 钢筋的腐蚀（腐蚀前）；(b) 防腐蚀电流不充分时；(c) 防腐蚀电流充分情况

电流从高电位优先流入阴极。伴随着此现象的发生，阴极部分的电位向负的方向变化。阳极部分和阴极部分的电位差变小。但是，在这种状态下，腐蚀电流不能完全停止时，防腐蚀是不完全的。如果防腐蚀电流更大一些，如图 1-3 (c) 所示，阴极部分和阳极部分之间没有电位差，就没有腐蚀电流流动。也就是说，钢材的腐蚀反应就停止了。这就是电化学保护的原理，或称电化学防腐蚀的原理。

通过外加电流，输入阴极，使阴极的电位和阳极的电位没有电位差，使原来的腐蚀电流停止流动，也即抑制了腐蚀的发生。这就是电化学保护技术。

1.3　电化学保护技术的种类

电化学保护技术，按防腐蚀电流供给的方法，可分为两大类：

1）外部电流方式

直流电源装置的（＋）极，是设置于混凝土表面的阳极系统；（－）极是与防腐蚀对象钢材连接。由于直流电源装置两者间有防腐蚀电流流动，进行电化学防腐蚀。通过直流电源装置可以调整防腐蚀电流，这是其特征，如图1-4所示。

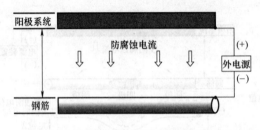

图1-4　外部电流系统

外部电流方式，对已有的钢筋混凝土结构物及预应力钢筋混凝土结构物都适用；对新建的结构物预防腐蚀也可适用。

外加电流方法所用的临时阳极，主要是使外加电流通过临时阳极流入被保护的钢筋，进行阴极极化，使阴极和阳极的电位差变小，甚至达到电位差为零，以达到保护钢筋的目的。因此，阳极材料要满足下述要求：①有良好的导电性能；②不受介质侵蚀；③有较好的加工性能，价格便宜。

2）内部电流方式（牺牲阳极方式）

选择电位比混凝土中钢筋电位低的金属（如锌、铝及镁）为阳极，设置于混凝土表面或其附近，通过导线将阳极与钢筋相连接，利用钢筋和阳极金属电位差产生电流，电流输入钢筋而达到防腐蚀目的。其特征是不需要电源设备。如图1-5所示。这种防腐蚀方式可用于已有混凝土结构物，也可用于新建结构物的预防保护。

牺牲阳极的阴极保护法，是利用牺牲阳极与被保护的钢筋之间有较大的电位差产生电流，使阴极极化，使阴极和阳极的电位差变小，甚至达到电位差为零，以达到保护钢筋的目的。因此，牺牲阳极的材料，必须具备以下条件：①和被保护的钢筋相比，有足够低的电位；②单位消耗量所发生的电量要大；③牺牲阳极金属本身腐蚀小，电流率高；④有较好的机械强度，价格便宜。工程上常用的牺牲阳极的材料，有锌、铝、镁及其合金。

3）两种不同方式概念对比图

内部电流方式和外接直流电源的方式，可归纳如图1-6所示。

外加电流方法所用的临时阳极，主要是使外加电流通过临时阳极流入被保护的钢筋，进行阴极极化，使阴极和阳极的电位差变小，甚至达到电位差为零，使腐蚀电流停止，以达到保护钢筋的目的。

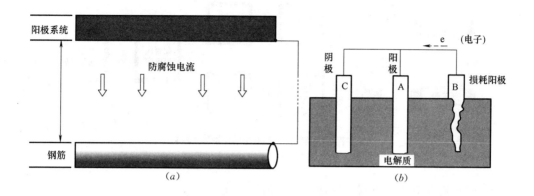

图 1-5　内部电流方式（牺牲阳极方式）

(a) 内部电流原理图；(b) 牺牲阳极方式解说图

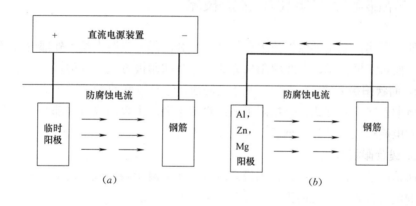

图 1-6　外接直流电源的方式和内部电流方式的电化学保护

(a) 外部电流方式概念图；(b) 内部电流方式概念图

　　内部电流方式利用牺牲阳极与被保护的钢筋之间有较大的电位差产生电流，使阴极极化，使阴极和阳极的电位差变小，甚至达到电位差为零，以达到保护钢筋的目的。两者对已有的钢筋混凝土结构物及预应力钢筋混凝土结构物都适用；对新建的结构物预防腐蚀也适用。其施工应用过程如图 1-7 所示。

　　外部电流与内部电流对混凝土中的钢筋的电化学保护技术，都是依靠把防腐蚀电流输入钢筋（阴极），使阴极极化，阴极和阳极的电位差变小，甚至相等；使腐蚀停止。外部电流需要电源输入直流电流。通电方式有以下三种：

　　(1) 定电位通电方式，使钢材的电位一定；

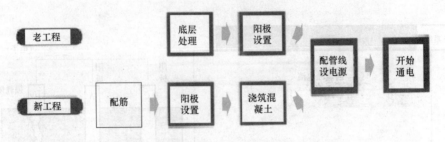

老工程维修及新建工程电化学保护施工过程

图 1-7　外部电源及内部电流的电化学保护技术的施工过程

（2）定电流通电方式，使通电的电流量一定；

（3）定电压通电方式，使通电的电压量一定。

可根据具体条件，选择其中的一种方式。

1.4　外部电流的电化学保护技术

如上所述，电化学保护技术有外部电流和内部电流两大类。外部电流又可分为：①面状阳极方式；②线状阳极方式；③点状阳极方式三大类。

1. 面状阳极方式

所谓面状阳极方式，是把阳极系统设置于混凝土表面或者内部某一面上，将预定的电流输入防腐蚀的钢筋，如图 1-8 所示。

2. 线状阳极方式

所谓线状阳极方式，是把阳极系统设置于混凝土表面或者内部某一面上，将预定的电流输入防腐蚀的钢筋，如图 1-9 所示。

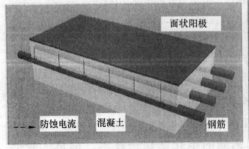

图 1-8　面状阳极方式

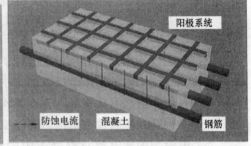

图 1-9　线状阳极方式

3. 点状阳极方式

所谓点状阳极方式，是把阳极系统设置于混凝土表面或者内部某一面上，将预定的电流输入防腐蚀的钢筋，如图 1-10 所示。

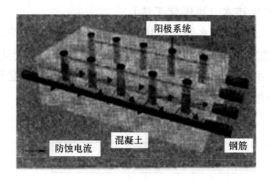

图 1-10 点状阳极方式

1.5 牺牲阳极方式的电化学保护技术

牺牲阳极的阳极方式，因不需要外部电源，靠阳极材料与钢筋之间的电位差而产生电流，故可根据要保护对象的位置范围去设计阳极的形状及尺寸大小。如图 1-11 所示。使用时都绑扎在钢筋上，填埋于混凝土中。其外形可因使用场合而异。牺牲阳极方式的类型在后面有关章节中还有详细论述。

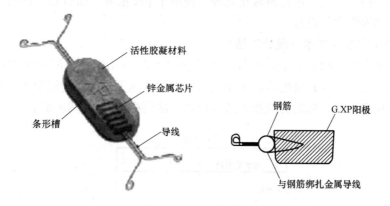

图 1-11 牺牲阳极的形式与应用

1.6 混凝土结构修补的电化学技术

根据混凝土结构所处的环境，使混凝土结构劣化破坏的因子，如中性化，氯离子腐蚀，硫酸盐腐蚀，以及由于混凝土结构的开裂而加速了各种劣化因子对结构的劣化破坏等。对混凝土结构修补时，也可以采用电化学技术。这种技术大体上可分为以下三类：

1. 电化学再碱化技术（再碱化工法）

混凝土由于 CO_2 及酸性水等中性化作用，使碱性降低，当混凝土的 pH 值低于 10 时，逐渐失去对钢筋的碱性保护，钢筋表层的钝化膜受到损伤，发生腐蚀。因此，要使混凝土中钢筋的钝化膜修复，使钢筋免遭腐蚀，必须要对混凝土再碱化。再碱化工法的模型如图 1-12 所示。

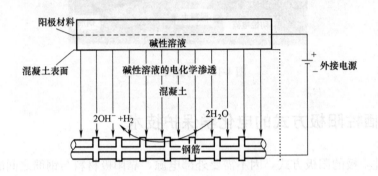

图 1-12　混凝土再碱化工法模型

再碱化技术是在混凝土结构物的表面安放碱性溶液，阳极材料，保持材料，在其中设置临时阳极，进行再碱化处理，使由于 pH 值降低而引起的钢筋锈蚀停止，抑制结构物劣化进行。

2. 电化学脱盐技术（脱盐工法）

在混凝土结构物表面上，安放电解质溶液和临时阳极，和混凝土中钢筋之间，通过一定时间的直流电流，由于电泳原理，使电子迁移，把混凝土结构中的氯离子迁移到外部，称之为脱盐工法。脱盐工法的模型如图 1-13 所示。

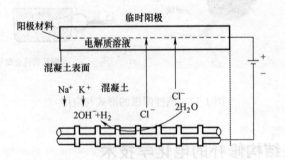

图 1-13　混凝土的脱盐技术模型

通过脱盐技术，使钢筋表面的氯离子迁移出来，氯离子浓度降低到钢材腐蚀的临界值以下，使钢材表面的钝化膜再生，从而提高混凝土结构的耐久性。这就是电化学脱盐技术。

3. 电化学植绒技术

所谓电化学植绒技术，是以混凝土结构物中的钢材为阴极，电解质溶液中安放临时阳极，经过一定期间的输入直流电流，使不溶性无机物质沉淀到混凝土结构物表面。修补混凝土的裂缝，使混凝土结构的耐久性提高。电化学植绒技术的模型如图 1-14 所示。

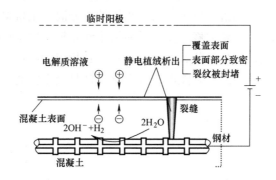

图 1-14 电化学植绒技术模型图

1.7 电化学保护技术的重要性

本书所谈的电化学保护技术，都属于阴极保护。也就是说，在混凝土结构上通过一定的保护电流，使结构中的钢筋（钢材）变成阴极，免遭腐蚀或使腐蚀速度降得很低的一种技术。1824 年，英国人用阴极保护法来保护海船钢壳。1970 年，美国用阴极保护油气管道。我国 20 世纪 60 年代初，在新疆、大庆、四川等地区油气田管道上应用。

现在世界上每年生产的金属材料，有效使用的仅仅是 2/3，而 1/3 的金属材料因遭到腐蚀破坏而不能使用。我国的氯碱、酸碱工厂的设备腐蚀更为严重。有的化肥厂因没有很好的防腐措施，投产仅三年，大部分设备和厂房就因腐蚀严重而需要重建。腐蚀不仅造成巨大的直接经济损失，也造成了间接的巨大经济损失。工厂的零部件或管线，由于腐蚀损坏而停产，损失难以估算；由于腐蚀，还会引起原料和产品的损失。腐蚀还会带来漏气、漏水，如使有毒气体和液体不断排放，会污染环境，危害健康。

盐害对钢筋混凝土结构的腐蚀更为严重。仅在美国，据 1992 年的统计，因撒除冰盐引起钢筋腐蚀而限载通车的公路桥梁占 1/4；其中已不能通车的约 5000 座。如果加上车库、公路、房屋等，因钢筋腐蚀需要修补的费用，估计高达 2500 亿美元。在阿拉伯海和红海，有大量的海洋工程混凝土，由于使用环境恶劣，在含盐、多风、干热的气候中，经二三年后，混凝土钢筋断面损失率就达到1/4。据 Al-Tayyib 统计的沙特阿拉伯海滨地区 42 座混凝土框架结构耐久性，74％都有严重的钢筋腐蚀和破坏。在我国国内，盐害的腐蚀破坏也非常严重。尤其处于浪溅区的海港码头和滨海桥梁，从投入使用到开始维修，一般不超过 10 年。如连云港码头，1976 年投入使用，1980 年相继发现码头的纵梁底部有顺筋裂纹和锈斑。1985 年调查时，仅使用 9 年的两座码头分别有 58％～84％的纵梁出现顺筋裂纹和混凝土剥落。位于黄河三角洲的部分混凝土桥梁，由于盐腐蚀严重，投入使用 8～10 年就要大修，修补后使用不到 5 年，由于损伤严重，不得不拆除重建。由此可见，电化学防腐蚀工法如能得到相应的应用，可使混凝土结构使用寿命延长，这对省资源、省能源、省力化，都是很重要的。

第2章　电化学保护技术的基础知识

电化学是研究利用化学反应产生电流，也即化学电流，以及利用电流产生的化学变化（也即电解）的科学。而腐蚀是金属从元素态转变到结合态的变化过程。在适当条件下，所有金属都要受到化学侵蚀，最后导致强度上或表面的严重损坏。我们把各种类型的腐蚀都可以描述成电化学反应。电化学腐蚀可以分成两种主要类型：直接腐蚀和间接腐蚀。直接腐蚀的发生是局部的电化学反应；而间接腐蚀是由于建立了原电池，使体系在不同部位发生了相互对应的氧化和还原反应。

2.1　氧化和还原

我们可以把氧化反应和还原反应定义为：失去电子是氧化，得到电子是还原。例如：

$$Fe^{2+} \longrightarrow Fe^{3+} + 1e^-$$

亚铁原子失去电子被氧化成铁离子。

$$1/2Cl_2 + 1e^- \longrightarrow Cl^-$$

氧化剂氯，得到一个电子被还原成带负电的氯离子。

上述两个简单的反应是相互相弥补并按当量发生的。也即氧化反应产生的电子，必须在还原反应中被消耗掉。把上面两个式子总和，可得到下式：

$$FeCl_2 + 1/2\ Cl_2^- \longrightarrow FeCl_3$$

氯化亚铁得到一个电子转变成氯化铁。如果把上述两个半反应，想象成分开的容器中，并用适当的导线相连，通过导线发生电子输送，也即产生电流。

电化学是研究利用化学反应产生电流，利用电流产生化学变化的科学。

2.2　原电池

能把化学能转变为电能的装置称之为原电池。干电池或蓄电池便是原电池的一种。以干电池为例。干电池有两个电极，正极（碳棒）以"＋"符号表示，另一个是负极（锌壳），以"－"符号表示。当把一只小灯泡用导线连接于干电池正、负极上，电流从电池正极流经导线、灯泡到负极，灯泡便发亮，也即把化学能转变为电能。如图 2-1 所示。

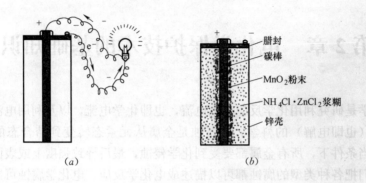

图 2-1　原电池及放电示意
（a）放电示意图；（b）原电池构造

金属的电化学腐蚀，例如混凝土中钢筋的腐蚀，是由于钢筋表面缺损，发生铁溶解的阳极反应，放出电子，产生微电流，进入钢筋的未缺损部位，也即微阴极，与原电池类似。

2.3　双电层

任何两个不同物相在接触的时候，都会在两相间产生电势，这是由于电荷分离而引起的。两相各有过剩的电荷，电量相等，正负号相反，相互吸引，形成双电层。

将某种金属，例如铁，放入酸、碱、盐电解质水溶液中，铁表面上的铁离子受到溶液中极性水分子的作用，发生水化，放出水化能；如果此水化能超过铁的晶格能，并足以克服铁正离子与电子间的引力，则铁表面上的离子便离开铁晶体进入水溶液中，在水溶液中形成铁的水化正离子。由于正负电荷相吸引，在铁-溶液界面上，形成了一层正、负电荷，称为双电层。如图 2-2 和图 2-3 所示。

从图 2-2 可见，铁的离子水化能超过铁的晶格能，并且能克服正离子与电子间的引力，铁表面上的离子进入水溶液中，便形成了双电层。图 2-3 表示不同金属在水溶液中形成的双电层。

图 2-3（a）表示 Zn、Mg、Fe 和 Al 等金属在水溶液中形成的双电层，金属上带负电，溶液与金属接触的界面带正电荷。

图 2-3（b）表示 Au、Ag、Cu 等金属在水溶液中形成的双电层。金属上带正电，溶液与金属接触的界面带负电荷。这是由于正电性金属 Au、Ag、Cu 等，水化能很低，金属离子水化较难。相反，溶液中的金属离子在金属上沉积容易。因而，这类金属带正电荷。

金属-溶液界面上建立了双电层，使金属与溶液间产生电位差，称为金属的

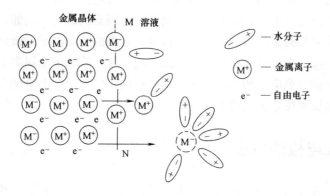

图 2-2　金属离子水化示意图

电极电位。

　　金属在电解质溶液中形成的双电层是一个巨大的"电容器"，称双电层电容器。由一对可极化电极和电解质组成，电荷贮存在电极和电解质之间所构成的界面上，由于界面层的厚度是在 0.1nm 的数量级，因而双电层电容器的电容量很大。

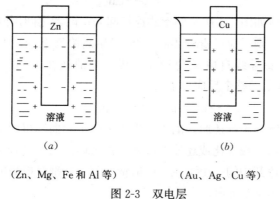

（Zn、Mg、Fe 和 Al 等）　　　　　　（Au、Ag、Cu 等）

图 2-3　双电层

2.4　金属的电极电位

　　如上所述，金属在电解质溶液中，金属-溶液界面上形成了双电层，使金属与溶液间产生电位差，这种电位差，称为金属的电极电位。又例如，将一根锌棒插在水或含有锌离子的溶液中，金属棒和溶液之间就建立起了电位差，这就是锌金属的电极电位。

　　金属的电极电位的大小，由金属的性质和溶液中金属离子的浓度所决定。如金属的化学性质，金属的晶体结构，金属的表面状态，温度及溶液中金属离子浓度等，都会影响电极电位的大小。如金属在溶液中的溶解与金属离子沉淀达到了平衡，这时有一个不变的电位值，称为金属的平衡电极电位。

金属的平衡电极电位，受各种不同物理化学因素的影响。例如，提高溶液的温度时，平冲则移向金属溶解的方向，这时，更多的金属离子溶解到溶液中，电极电位更负一些。如果溶液中增加金属离子的浓度，溶液中金属离子脱水后，就与金属表面上的过剩电子相结合，成为金属析出。使双电层上金属表面的负电荷密度变小，电极电位也就负得更少一些。

2.5 标准电极的电位

如果将锌棒插入水中，或含有锌离子的溶液中，锌离子便从锌棒表面跑到溶液中，使留下的锌棒带负电荷。这样，锌棒和溶液之间便建立起电位差。

$$Zn \leftrightarrow Zn^{2+} + 2e$$

锌棒和溶液间电位差，由锌棒和溶液中锌离子的浓度所决定。

如果将另一种金属铜插入水中或含有铜离子的溶液中，发现铜棒相对于溶液带正电荷。溶液中的金属离子离开溶液，沉积在金属表面，铜离子获得了电子：

$$Cu^{2+} + 2e \leftrightarrow Cu$$

如果两个半电池如图 2-4 所示的形式连接起来；两者之间用隔板分开，两根金属棒用导线连接。则反应：$Zn \leftrightarrow Zn^{2+} + 2e$ 产生高浓度电子，不再附着在锌棒上。这时的电子沿着导线自由运动到铜电极，被消耗在下列反应中：$Cu^{2+} + 2e \leftrightarrow Cu$ 发生在电池中的整个反应如下：

$$Zn + Cu^{2+} \leftrightarrow Cu + Zn^{2+}$$

即锌被氧化，铜离子被还原。因为锌失去了电子，而铜得到了电子。在原电池中，任何一种元素，被氧化或还原的倾向，都可以用两个耦合起来的半电池来测量，但必须要知道其中的一个电位。一般情况下，标准氢电极的电位为零，用作参比半电池。如图 2-5 所示。

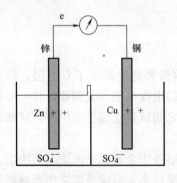

图 2-4 锌-铜电池

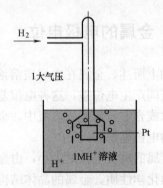

图 2-5 标准氢电极

　　图 2-5 的氢电池，是由涂有铂黑层的铂电极组成。将其部分浸入每升 1.0mol 氢离子的溶液中。这时氢气在一个大气压下，从电极表面逸出。标准参照温度为 25℃。

　　为了确定金属的标准电极电位，例如，锌的标准电极电位；在 25℃下，将锌棒插入 1.0 摩尔的锌离子溶液中，得到标准锌电池。我们将标准氢电池与标准锌电池连接，并测量出锌电池的电位。其电位是 0.76V。一般习惯是将锌的标准电极电位为负值，即 -0.76V。

　　在此基础上，可以得到在溶液中生成离子的大多数元素的标准电极电位。将这些元素按电极电位的大小列成表，形成电化学顺序，如表 2-1 所示。按此表可知元素氧化的难易程度，并可指出某些元素和离子如何发生反应。如果我们研究的是正离子反应，则任何元素均可置换在此顺序中位置比它低的元素。例如，锌置换铜离子：

$$Zn + Cu^{2+} \longrightarrow Zn^{2+} + Cu$$

　　如果是负离子反应，任何元素均可置换电化学顺序中位于它上面的元素。例如：$1/2Cl_2 + I^- \longrightarrow 1/2I_2 + Cl^-$

标准电极电位（25℃）　　　　　　　　　　　　　　　表 2-1

反　应	E(V)	反　应	E(V)
$Li^+ + e \leftrightarrow Li$	-3.05	$Pb^{2+} + 2e \leftrightarrow Pb$	-0.13
$K^+ + e \leftrightarrow K$	-2.93	$2H^+ + 2e \leftrightarrow H_2$	0.00
$Ca^{2+} + 2e \leftrightarrow Ca$	-2.87	$Cu^{2+} + 2e \leftrightarrow Cu$	+0.34
$Na^+ + e \leftrightarrow Na$	-2.71	$I_2 + 2e \leftrightarrow 2I^-$	+0.54
$Mg^{2+} + 2e \leftrightarrow Mg$	-2.37	$Ag^+ + e \leftrightarrow Ag$	+0.80
$Al^{3+} + 3e \leftrightarrow Al$	-1.66	$Br_2 + 2e \leftrightarrow 2Br^-$	+1.07
$Zn^{2+} + 2e \leftrightarrow Zn$	-0.76	$Cl_2 + 2e \leftrightarrow 2Cl^-$	+1.36
$Fe^{2+} + 2e \leftrightarrow Fe$	-0.44	$Au^{3+} + 3e \leftrightarrow Au$	+1.50
$Ni^{2+} + 2e \leftrightarrow Ni$	-0.25	$F_2 + 2e \leftrightarrow 2F^-$	+2.65
$Sn^{2+} + 2e \leftrightarrow Sn$	-0.14		

　　表中氢以上金属通常称为负电性金属，其标准电位为负值；位于氢以下金属通常称为正电性金属，其标准电位为正值。

　　上表测定的金属的电极电位，都是在 25℃和金属离子浓度为 1.0mol/L 的标准状态值。如果金属放入其盐溶液的离子浓度不是 1.0mol/L。那么该金属的平衡电极电位是多少？也即要了解非标准情况下的电极电位。

2.6　非标准情况下的电极电位

　　在实践中，不可能金属总是与相应离子浓度是 1.0mol/L 的溶液相接触，那么平衡的电极电位是多少呢？

　　对于一个金属电极，半电池反应可写成：

$$Mn^+ + ne \longrightarrow M$$

任意浓度的电极电位，可用下面公式求出：

$$E = E_0 + (RT/nF)\ln[Mn^+]$$

式中 E——金属的平衡电极电位（V）；

$\quad E_0$——金属的标准电极电位（V）；

$\quad R$——气体常数，等于 8.31J/℃；

$\quad T$——绝对温度；

$\quad n$——转移电子数；

$\quad F$——法拉第常数，等于 96500 库仑；

$\quad [Mn^+]$——Mn^+ 离子浓度（mol/L）。

上述公式称为能斯特方程。在 25℃时，此方程可简化为：

$$E = E_0 + (0.059/n)\log[Mn+]$$

利用能斯特方程可以计算金属在任何离子浓度的电解质溶液中的平衡电极电位。但对于非平衡电极电位，能斯特方程不可以计算，要靠实验方法测定。

将两个 Cu/Cu^{2+} 半电池结合起来，如图 2-6 所示，两个电极都是铜棒，但每个半电池中铜离子的浓度并不是 1.0mol。但已经产生了原电池，如铜和锌棒连接起来时发生的情况一样。

图 2-6 中，一个半电池的电极电位是：

$$E_1 = E_0 + (0.059/n)\log 0.01$$

另一个半电池的电极电位是：

$$E_2 = E_0 + (0.059/n)\log 1.00$$

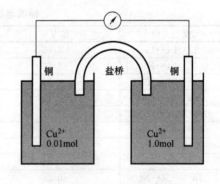

图 2-6 Cu/Cu^{2+} 浓差电池

电池的整个电极电位是两个半电池电极电位之差。

$$E_2 - E_1 = 0.059/2(\log 1.00/0.01) = 0.059V$$

这样建立起的原电池，铜在电极 1 溶解，铜离子在电极 2 沉积出来，直至两个半电池的铜离子浓度相等为止。

上例说明，利用能斯特方程可以计算金属在任何离子浓度的电解质溶液中平衡的电极电位。

2.7 非平衡电极电位

在金属腐蚀的过程中，大多数是在非平衡条件下发生的。例如铁在酸中或海水中腐蚀溶解，是一类非平衡电极电位。在海水中很少含有铁离子；因此，金属铁和铁离子很难建立平衡电极电位。又如铁在酸中，开始只有少量铁离子溶入溶液，没有铁离子沉积到金属铁上，即铁的溶解速度大大超过铁离子沉积速度。但它也能建立双电层，使金属与溶液间产生电位差，形成电极电位。称为非平衡电极电位。也叫不可逆电极电位。如钢铁在盐酸中的溶解，其反应方程式为：

$$Fe + 2HCl = FeCl_2 + H_2 \uparrow$$

从电极反应可写成如下方程序：

氧化过程：　　　　　　　　$Fe - 2e^- \longrightarrow Fe^{2+}$（液相）

（铁原子失去电子，变为离子，溶入酸溶液中）

还原过程：　　　　　　　　$2H^+ + 2e^- \longrightarrow H_2$

（氢原子得到电子，变为氢分子析出）

随着酸液中 Fe^{2+} 离子浓度增加，在阴极过程中除 H^+ 离子获得电子外，还有 Fe^{2+} 获得电子，沉积在金属铁上。

还原过程：　　　　　　　　$2H^+ + 2e^- \longrightarrow H_2$

$$Fe^{2+} + 2e^- \longrightarrow Fe$$

如果电荷从金属迁移到溶液，和从溶液迁移到金属，其速度相等，即建立了电荷的平衡。这时，平衡的电极电位是稳定的，但需要的时间很长。

在生产实际中，与金属接触的溶液大都不是金属本身离子的盐溶液。所以涉及的电极电位都是非平衡电极电位。非平衡电极电位只能用试验方法才能测得。表 2-2 是某些金属在几种电解质溶液中的非平衡电极电位。

金属在电解质溶液中的非平衡电极电位（V）　　　　　　　表 2-2

金属	3% NaCl 溶液	0.05M Na_2SO_4	0.05M Na_2SO_4 + H_2S	金属	3% NaCl 溶液	0.05M Na_2SO_4	0.05M Na_2SO_4 + H_2S
镁	−1.60	−1.36	−1.65	镍	−0.02	+0.04	−0.21
铝	−0.60	−0.47	−0.23	铅	−0.26	−0.26	−0.29
锰	−0.91	—		锡	−0.25	−0.17	−0.14
锌	−0.83	−0.81	−0.84	锑	−0.09		
铬	+0.23			铋	−0.18		
铁	−0.50	−0.50	−0.50	铜	+0.05	+0.24	−0.51
镉	−0.52	—		银	+0.20	+0.31	−0.27
钴	−0.45						

金属非平衡电极电位与电解质溶液浓度、温度、搅拌及金属表面的状态等有关，也与电解质的种类有关。因此，测定金属非平衡电极电位时要考虑到各种因素的影响。

2.8　电极电位在防腐蚀工作中的意义

在电化学防腐蚀研究中，电极电位的概念十分重要。

（1）根据金属电极电位的大小，可判断该金属是活泼的或非活泼的。电极电位是负值的，该种金属比较活泼，如锌、镁、铁等金属；电极电位是正值的，该种金属比较不活泼，如铜、银、金。

（2）判断原电池的正负极；在原电池（包括腐蚀电池）中，电极电位代数值较小的是负极，较大的是正极。电子从负极流向正极。

（3）计算原电池的电动势；可以帮助判断金属腐蚀倾向性大小，即发生氧化还原反应的方向和程度。

如标准条件下，丹尼尔电池的电动势 $E=1.1V$。

E 为正值，表示电池的反应可能自动发生，即在丹尼尔电池中，电子从锌片自动流向铜片。如 E 为负值，表示电池的反应不能自动发生。

利用电极电位我们可以认识，为什么水溶液中，镁、锌、钢铁比铜、银金属容易腐蚀。但是，用金属的电极电位只能判断腐蚀的可能性或倾向性，不能说明金属腐蚀的速度。

第 3 章　钢铁的腐蚀

在第 2 章讲述了纯金属在电解质溶液中，组成了原电池反应，是在理想情况下发生的一种化学反应。但是，生产中金属设备或混凝土结构中钢筋的腐蚀，其化学反应要复杂得多。但可以应用这些基础知识，去解决工程实际中金属的腐蚀问题。

有人将腐蚀定义为"金属从元素态转变到结合态的转变过程"。在适当条件下，所有金属都要受到化学侵蚀，最后导致强度上或表面的严重损坏。

3.1　大电池腐蚀

用铜铆钉铆接的钢板，在海水中腐蚀就是大电池腐蚀的一个实例。铜铆钉和钢板在海水中形成一个原电池。铜的电极电位比铁的电极电位正；故铜是电池的正极，铁是负极。电子自动地从钢板流向铜铆钉（正极）上。在腐蚀学科中，将这种原电池称为腐蚀电池。原电池的负极称为阳极，也即钢板为阳极；原电池的正极称为阴极，也即铜铆钉为阴极。如图 3-1 所示。

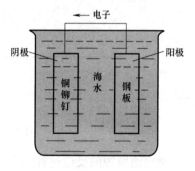

图 3-1　大电池腐蚀

腐蚀电池中的反应如下：

阳极过程（钢板）：　　　　$Fe(固) - 2e^- \longrightarrow Fe^{2+}$

阴极过程（铜铆钉）：　　　$1/2\ O_2 + H_2O + 2e^- \longrightarrow 2OH^-$

由于铜铆钉是在钢板上，阴极和阳极相接触，形成一个短路的腐蚀电池，这是大电池腐蚀。由此可见，两种不同的金属相接触，在电解质溶液中，就有可能发生大电池腐蚀。这种腐蚀很普遍；在金属铆接和用螺栓连接的地方，这种腐蚀很普遍。腐蚀的严重程度取决于电流密度，故大面积的阴极与小面积的阳极匹配时，会导致严重的腐蚀。如在铜片上用钢铆钉连接时，会很快地腐蚀。如把两种金属连接部分适当地绝缘起来，阻止电流通过，一般可以避免这种腐蚀。两种不同金属材料的构件在电解质溶液中受到的腐蚀，也属于这种间接腐蚀（大电池腐蚀）。

3.2 微电池腐蚀

在钢铁中，除了铁元素外，还有其他杂质如石墨、Fe_3C、Cu 等和铁元素组成合金，如图 3-2（a）所示。当钢铁与电解质溶液（如海水、稀硫酸等）接触时，钢铁中的杂质和铁素体在电解质溶液中，构成腐蚀电池。杂质 Cu、石墨、Fe_3C 和石英等的电位较正，成为腐蚀电池板的阴极，称为微阴极；而铁素体电位较负，成为阳极，也称为微阳极。这样，在钢铁中，一颗杂质处就形成一个微阴极和一个微阳极，组成一个微电池。如果将钢铁放在稀硫酸溶液中，则发生微电池腐蚀，这和上述大电池腐蚀的本质一样。图 3-2（b）是微电池腐蚀放大示意图。

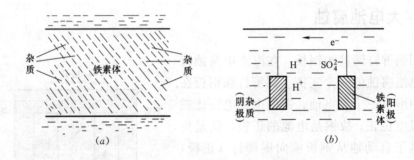

图 3-2　钢铁中的微电池腐蚀

微电池腐蚀的反应过程如下：

微阳极（铁素体）上的反应：　　　$Fe - 2e^- \longrightarrow Fe^{2+}$

微阴极（杂质）上的反应：　　　$2H^+ + 2e^- \longrightarrow H_2$

$$1/2 O_2 + 2e^- + H_2O \longrightarrow 2OH^-$$

微电池腐蚀的特点是：腐蚀的两个过程，阴极和阳极过程，同时发生在同一金属的不同区域，腐蚀电流直接在金属本体内流动。在微电池中，阳极过程就是金属的腐蚀过程。金属表面的电化学不均匀性，都容易产生微电池腐蚀。

在实际工程中，先由于产生微电池腐蚀，使腐蚀扩大，逐渐变成宏观电池腐蚀，进一步发展，使金属结构劣化破坏。

如上所述，混凝土中的钢筋，由于杂质或表面缺损，外界的水分、空气及侵蚀介质扩散渗透进入混凝土保护层，达到钢筋表面后，会发生以下反应：

在缺损处，为微阳极：　　　$Fe \longrightarrow Fe^{2+} + 2e^-$

在钢筋杂质处，为微阴极：　　　$1/2 O_2 + 2e^- + H_2O \longrightarrow 2OH^-$

将上式汇合成：　　　$Fe + 1/2\ O_2 + H_2O \longrightarrow Fe(OH)_2$

溶解度很低的 $Fe(OH)_2$ 在缺损处沉淀，妨碍了其他的 Fe^{2+} 向外部扩散，进一步发生以下反应：

$$4Fe^{2+} + O_2 + 8OH^- + 2\ H_2O \longrightarrow 4\ Fe(OH)_2$$

在缺损处的阴离子和阳离子为了保持平衡，水溶液中的 Cl^- 扩散渗透进入缺损处。Cl^- 在钢筋缺损处含量逐渐增大，与此同时，由于 Fe^{2+} 的加水分解，pH 值降低，缺损处的腐蚀进一步发展起来，也就由原来的微电池腐蚀，逐步发展成为宏观电池的腐蚀。

3.3　浓差电池腐蚀

在同一件金属设备上，不同设备部位接触的电解质溶液浓度不同，造成金属设备上电极电位不同，形成大电池腐蚀。例如金属的地下管道，在疏松砂土富氧部位的电极电位，比密实黏土缺氧部位的电极电位高。疏松砂土富氧部位金属是阴极，缺氧部位的金属是阳极。在缺氧密实黏土区域，会出现大面积的腐蚀。如图 3-3 所示。

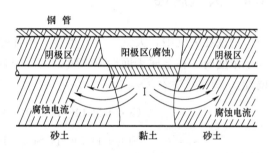

图 3-3　埋设在地下金属管道在不同土壤中的腐蚀

又如海上钢筋混凝土结构，在海水潮汐区部位的钢筋，也由于浓度差造成严重的腐蚀。在海水中的钢桩，在水位下的部分与水位上的部分，也由于浓度差电池造成腐蚀。

氧浓差电池是最普遍的电池。在上述的钢筋腐蚀过程中，氧起阴极去极化剂作用，但也能起修补钢筋表面缺损的氧化膜（钝化膜）层的作用，提高钢筋抵抗腐蚀的能力；也就是由高浓度氧所包围的金属（钢筋），氧化膜层更加致密，变成更"惰性"或更阴极性；而由低氧浓度包围的金属区域，变成阳极性。这种浓差电池还可以用两个相同的金属电极来说明，如图 3-4 所示。

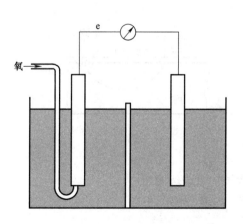

图 3-4　浓差电池（一个电极充气造成浓度差）

图 3-4 中，一个电极的空间可充气，把空气鼓入电极表面，充气的金属棒变成阴极，没充气的金属棒是阳极。

在阴极产生氢氧根离子：$1/2O_2+H_2O+2e^-\longrightarrow 2OH^-$

在阳极发生金属溶解：$M\longrightarrow M^{2+}+2e^-$

在这种情况下，浓差电池可导致腐蚀。例如，在钢板表面上有一根裂缝，整个钢板表面比小裂缝更容易有效地得到氧。其结果是钢板表面成为阴极，而裂缝处则成为阳极，从而发生自发的腐蚀。水管在水面处，一边浸泡在水中，一边在空气中，由于水中的氧的浓度大大低于水表面处的浓度，也构成了浓差电池的腐蚀。

3.4　大气腐蚀

钢铁在大气中，大气中含有水蒸气和各种酸性的气体及氧气等，水蒸气达到一定浓度时，在金属表面形成水膜，大气中含有的 CO_2、SO_3 等气体在水中含量增加：

$$CO_2+H_2O\leftrightarrow H_2CO_3\leftrightarrow H_2{}^++HCO_3{}^-$$

$$SO_3+H_2O\leftrightarrow H_2SO_3\leftrightarrow H_2{}^++HSO_3{}^-$$

$$2H_2O\leftrightarrow H_2O^++OH^-$$

其结果，使钢铁好像浸入含有 H^+、OH^-、$HCO_3{}^-$ 和 $HSO_3{}^-$ 离子的电解质溶液中，发生微电池腐蚀。图 3-5（a）及图 3-5（b）是钢铁在大气中氢离子和氧分子腐蚀的示意图。

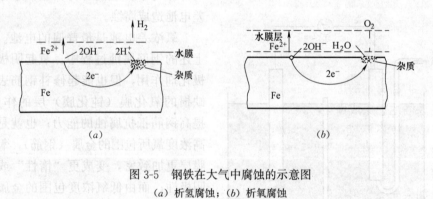

图 3-5　钢铁在大气中腐蚀的示意图
(a) 析氢腐蚀；(b) 析氧腐蚀

大气腐蚀以腐蚀方程式表示：

阳极反应：　$Fe-2e^-\longrightarrow Fe^{2+}$（水膜中）

阴极反应：　$2H^++2e^-\longrightarrow H_2\uparrow$

或者：　　$1/2O_2 + H_2O + 2e \longrightarrow 2OH^-$（水膜中）

化学反应式：　　Fe^{2+}（水膜中）$+ 2OH^-$（水膜中）$\longrightarrow Fe(OH)_2 \downarrow$

生成的铁锈 $Fe(OH)_2$ 沉积在钢铁上。钢铁在海水、雨水和中性土壤中的腐蚀，都是由于氧腐蚀引起的。

3.5　应力腐蚀

应力可分为静态应力和重复应力两类。当静态应力与腐蚀匹配时，会发现应力腐蚀现象。在剪切应力作用下，如果发生某种程度的裂缝，这样，就会如上所述，在钢结构表面上有一根裂缝，整个钢结构表面比小裂缝更容易有效地得到氧。其结果是钢结构表面成为阴极，而裂缝处则成为阳极，从而发生自发的腐蚀。腐蚀和剪切应力共同作用下，可导致钢结构的迅速损坏。由于电化学反应持续地进行，而作用的剪切应力又阻止任何保护层的形成，使腐蚀点集中在裂缝的最深处。

3.6　电化学防腐蚀例解

金属的腐蚀，包括混凝土结构中钢筋的腐蚀，有直接腐蚀，如大气腐蚀；间接腐蚀，腐蚀可分为有电子转移的氧化和还原两部分，简单的电池中所发生的就是这种情况。也即相当于一个原电池，较活泼的金属相当于阳极，并被氧化；不太活泼的金属是阴极。微电池腐蚀、大电池腐蚀及浓差电池腐蚀即属此类。

不管是直接腐蚀，还是间接腐蚀，都是电化学腐蚀。可以采用阴极保护的电化学方法来防止金属的腐蚀。通过自发作用产生电流，来保护系统中的活泼部分，抑制腐蚀的进行。如图 3-6 所示。把腐蚀电池想象成由电极 A 和电极 C 组成，C 极较不活泼，发生腐蚀作用时，金属离子从阳极进入溶液（也即从 A 进入溶液），电子从阳极流到阴极。

如果向系统中引入第三个电极 B，让电极 B 的金属比电极 A 的金属更加活泼，腐蚀电池仍起作用。那么，这时电

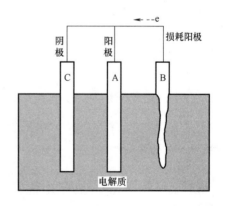

图 3-6　损耗阳极

子从阳极 B 流出。所有腐蚀都被限制在电极 B。电极 B 称为损耗阳极。损耗阳极 B 的作用是不断向阴极供给电子，避免了阳极 A 的损耗。这种电化学防腐蚀的方法，也叫牺牲阳极的方法。

从图 3-6 可看出，阳极 B 的作用是不断向阴极供给电子。但是，保护电流也可以从直流发电机向非损耗的阳极（A）供电。用这种方法获得电流的办法叫作外加电流的电化学保护法。这方面，在下述内容中还有详细论述。对钢铁的防腐蚀方面也还有其他相关的论述。

第4章　电化学保护（防腐蚀）技术的原理

4.1　引言

钢铁在大气、海水、土壤和化学介质中的腐蚀是自发进行的，是不可避免的。腐蚀不仅消耗和浪费大量金属材料，甚至还造成生产安全上的重大事故。随着石油、化工、造船及原子能工业的发展，高层与超高层建筑的建造，跨海大桥的建设等，对结构的寿命要求越来越长，有的结构要达到百年以上的工作寿命；对工程防腐蚀的技术要求越来越高。这样，就需要研发保护时间更长、效果更好的防腐蚀新技术与新方法，满足生产需要。电化学防腐技术就是金属防腐蚀的重要新技术。电化学防腐蚀是将金属器件或设备，通上保护电流，使其免遭腐蚀或腐蚀速度很低的一种技术。

电化学防腐蚀技术有两种，一种是阴极保护，另一种是牺牲阳极的阴极保护。

阴极保护技术是英国人戴维于1824年首先采用，用纯锌保护海上轮船钢壳，但是这种新技术直到20世纪30年代才在工业上推广应用。美国于1928年开始使用以来，已有百万公里以上的油气管道采用了阴极防腐蚀技术，而且立法规定。1971年7月31日以后建设的每条埋地管线或水下管线，都必须安装阴极保护系统，保证管线的安全。德国、日本、英国、法国及俄罗斯等国，在修建地下管井或海底工程的同时，安装上阴极保护设施。

美国在管线安装的阴极保护站，站距在50公里以上，最长的站距离为144公里。阴极保护设施的投资约占管线的总投资的1%左右。现在国外的阴极保护技术向无人管理发展，由控制中心遥控。可用微波技术，在飞机上进行监视地下管线阴极保护的各种参数。

我国于1958年，先后在新疆、大庆、四川等油气田的管道上应用阴极保护。1965年，大庆油田、华中工学院及哈尔滨工业大学，首次采用牺牲阳极的阴极保护技术，后来扩大应用于长距离地下输油管等多项工程。

4.2　阴极保护的种类

阴极保护有两类，一类是牺牲阳极的阴极保护，另一类是外加电流的阴极保护。其共同点是使要保护的金属构件变成阴极，使之进行阴极极化，以达到防止金属腐蚀的目的。

1. 牺牲阳极的阴极保护

所谓牺牲阳极的阴极保护，是要在保护的金属设备上，连接上一种电极电位较活泼的金属或合金，作为腐蚀的电极（阳极），这样，被保护的金属与外连接上的活泼金属在电解质溶液中（如土壤，海水中）组成腐蚀大电池。电极电位较活泼的金属或合金的电位较负。电子从阳极流向阴极，发生阴极极化，从而使金属构件得到保护。如图 4-1 (a)、(b) 所示。

从图 4-1 (a) 可见，向系统中引入第三个电极 B，让电极 B 的金属比电极 A 的金属更加活泼，腐蚀电池仍起作用。那么，这时电子从阳极 B 流出，所有腐蚀都被限制在电极 B。电极 B 称为损耗阳极，损耗阳极 B 的作用是不断向阴极供给电子，避免了阳极 A 的损耗。从图 4-1 (b) 也可见，在要保护的金属构件上，连接一种较活泼的金属或合金，作为腐蚀电池的阳极，这样，被保护的金属设备与活泼金属或合金，在溶液中组成腐蚀电池，电子从阳极流向阴极，从而使金属设备得到保护。这种电化学防腐蚀的方法，也叫牺牲阳极的方法。

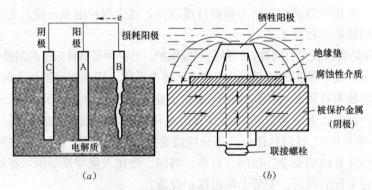

图 4-1 牺牲阳极的阴极保护法
(a) 损耗阳极的阴极保护；(b) 被保护金属设备上安放阳极

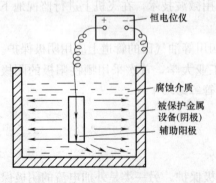

图 4-2 外加直流电源的阴极保护

2. 外加电流的阴极保护技术

利用外加直流电源，将被保护的金属构件与电源负极连接，使被保护的金属构件变成阴极，进行阴极极化，以减少或防止金属腐蚀。外加直流电源的阴极保护，如图 4-2 所示。

外加直流电流的阴极保护，不同于牺牲阳极的阴极保护；是采用外加电源使被保护的金属的电位变得更负，成为腐蚀电池的阴极。

4.3　阴极保护的原理

金属的腐蚀主要是由于金属表面的电化学不均匀性所引起的。当金属在电解质溶液中，便形成腐蚀电池，使电位较低的阳极遭受腐蚀。例如碳钢中，含有 Fe_3C 及石墨等杂质，当碳钢与电解质溶液接触时，在碳钢表面形成许多微电池，阳极区域的铁原子失去电子，变成铁离子溶解入溶液，使碳钢遭受腐蚀。其腐蚀速度与微电池的电流强度成比例。碳钢在电解质溶液中的微电池腐蚀，可参考图 4-2。

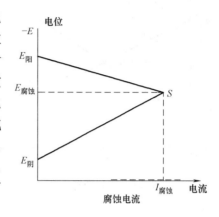

图 4-3　简化极化图解（郑家桑）

应当指出，当微电池工作时，电池会发生极化现象。阳极电位变得更正，阴极电位变得更负，也即阳极和阴极的电位差变小，从而使腐蚀电流也逐渐减小。这种电位和电流的变化，可用图 4-3 表示。

在钢铁表面，由于微电池极化的结果，使钢铁达到了一个稳定的总电位 $E_腐$，对应的腐蚀电流为 $I_腐$，电位 $E_腐$ 称为钢铁在某电解质溶液中的腐蚀电位，或称自然电位，可以直接测定。

如果对金属设备进行阴极保护，将被保护的金属设备，用导线连接到外加直流电电源的负极，同时，把辅助阳极接到电源的正极，这样连接的结果，则成为图 4-4 所示。

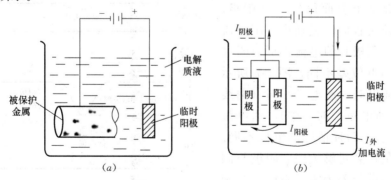

图 4-4　外加电流阴极保护金属设备的模型

（a）外加电流阴极保护模型；（b）为（a）图的剖析

当金属设备通以电流之后，由临时阳极流经电解质溶液的电流，主要集中于阴极（金属表面）部分，通过金属表面再流回到电源。这时，金属发生阴极极化，使金属的总电位进一步降低。这种现象可用图4-5加以说明。

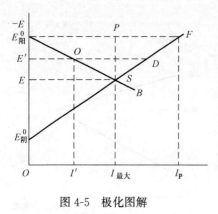

图4-5　极化图解

由图4-5，当金属设备未通外加电流保护之前，其总电位为 E（自然腐蚀电位），相应的最大腐蚀电流为 $I_{最大}$。如果通入外加电流，则金属的总电位，由于阴极极化的结果，由 E 降至 E'，阳极的电流减少到 I'。如果进一步极化，把总电位降低，与同腐蚀电池阳极的开始电位 $E_{阳}^0$ 相等，腐蚀电池中的阳极电流将变为零，这时腐蚀便停止，金属受到了完全保护。

由此得到一个结论：金属要得到完全阴极保护，必须把金属设备进行阴极极化，使金属总电位降低至与腐蚀电池阳极的开路电位相等。这时金属表面，原来是腐蚀电池的阳极区域变为阴极区域，整个金属表面变为大阴极。在一个原电池中，阴极是不受腐蚀的，这就是阴极保护的原理。

例如，海洋中的钢筋混凝土结构，其中的钢筋受腐蚀，防腐蚀之前，腐蚀电流及电位差的情况，如图4-6所示。

钢筋受腐蚀时，产生腐蚀电池，阴极部分为高电位，阳极部分为低电位，阴极和阳极之间产生电位差，腐蚀电流由阳极流向阴极。

在混凝土上面设置一个阳极，直流电源装置向阳极通电，阳极流向钢筋（阴极）的电流不同，阴极与阳极的电位差不同，图4-7所示为：未通电时，通电量小时（曲线中小），通电量中时（中），通电量大时（大），四种情况的电位不同。当通电量达到足够大时，阴极与阳极之间的电位差为零，阴极不受到腐蚀。也即钢筋不受到腐蚀。这就是阴极保护。

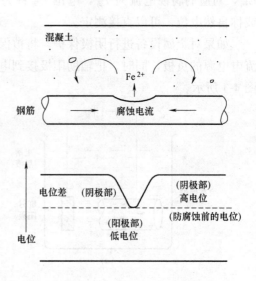

图4-6　钢筋受腐蚀，防腐蚀之前的电流及电位

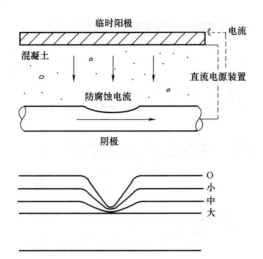

图 4-7　钢筋防腐蚀之后通过直流电装置施加的电流及电位

从图 4-5 极化图可见，当金属设备实施阴极保护时，由临时阳极流向阴极的电流（外加电流），与原来的腐蚀微电池阳极的腐蚀电流之和，将等于阴极电流；即：

$$I_{外} + I_{阳极} = I_{阴极}$$
$$I_{外} = I_{阴极} - I_{阳极}$$

由此可见，施加给阴极的外加电流，一般要比腐蚀电流为大，才能起到保护作用。

4.4　牺牲阳极的阴极保护

牺牲阳极的阴极保护原理与外加电流的阴极保护的原理是一样的，借助于牺牲阳极与被保护的金属设备之间有较大的电位差，使产生的电流来达到阴极极化的目的。作为牺牲阳极的金属，或合金材料，其自然腐蚀电位必须比被保护的金属材料更负，也即其化学性质更加活泼。通常用作牺牲阳极的金属有锌、镁、铝及其合金。牺牲阳极防腐蚀的方式，必须选择化学性质比混凝土中钢筋更加活泼的金属为阳极，其自然腐蚀电位比被保护的钢筋更负，放置于混凝土的表面或钢筋的旁边，与钢筋用导线连接，利用钢筋和牺牲阳极之间的电位差产生防腐蚀电流。这是电化学防腐蚀的另一种方式，其特征是不需要电源设备。外部电源的阴极保护与牺牲阳极的阴极保护的不同点如图 4-8 所示。

图 4-8（a）中，通过电源装置与阳极系统及钢筋（被保护的阴极）相连接，通过电源装置对阳极通入直流电。阳极给予钢筋的防腐蚀电流，使钢筋得到保

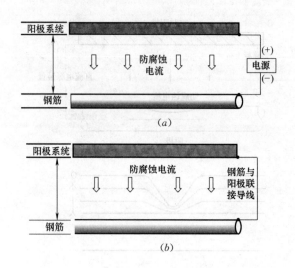

图 4-8　外部电源的阴极保护与牺牲阳极的阴极保护

(*a*) 外部电源的阴极保护；(*b*) 牺牲阳极的阴极保护

护。图 4-8（*b*）中，是采用锌、镁、铝及其合金作为阳极，也用导线将阳极与被保护的钢筋相连接。由于锌、镁、铝及其合金自然腐蚀电位比被保护的钢筋更负，钢筋和牺牲阳极之间的电位差产生防腐蚀电流，使钢筋得到保护。

两者均系由阳极向保护的钢筋提供防腐蚀电流，使钢筋得以保护。（*a*）是靠电源装置外部供给直流电流对钢筋保护；（*b*）是通过阳极与钢筋电位差产生电流，对钢筋保护。

4.5　阴极保护的两个主要参数

在实施金属材料电化学阴极保护中，最小保护电流密度和最小保护电位是两个主要参数。

1. 最小保护电流密度

通过阴极保护，金属设备达到完全保护时，必须加上一个外加电流，如图 4-5 的极化图中的电流 I_p，这时腐蚀电池中的阳极电流变为零，金属设备得到完全保护。如果把整个金属设备的表面作为阴极来看待，设 A 为其表面积，则电流密度应为 I_p/A。这就是使金属设备的腐蚀降低至最小程度所需的电流密度的最小值，也即是最小保护电流密度。意即在金属设备的单位表面积上，要通过一定电流，该电流密度不能小于 I_p/A，单位为 A/m²。表 4-1 是各种金属在不同腐蚀介质中所需的最小保护电流密度，供阴极保护设计时参考。

金属在不同腐蚀介质中需要的最小保护电流密度　　　表 4-1

金属种类	介质成分	最小保护电流密度 （A/m²）	试验条件
铁	1N HCl	920	吹入空气缓慢搅拌
铁	0.1 N HCl	350	吹入空气缓慢搅拌
铁	$0.65N\ H_2SO_4$	310	吹入空气缓慢搅拌
钢和铸铁	$0.01N\ H_2SO_4$	0-220	吹入空气缓慢搅拌
铜	$1N(NH4)_2S_2O_8$	125	静态温度 18℃
铜	$0.1N(NH4)_2S_2O_8$	42.5	静态温度 18℃
铁	5N NaCl 和饱和 $CaCl_2$	1～3	静态温度 18℃
铁	3％ NaCl	0.13	静态
锌	0.05N KCl	1.5	缓慢搅拌
钢和铸铁	0.1N NaCl	4.4～6.3	缓慢搅拌
钢	0.5％ NaCl 的土壤	0.4	缓慢搅拌
铁	海水	0.17	
铁	土壤	0.017	有破坏的沥青覆盖
铁	土壤	0.0007	有良好的沥青覆盖
铁	5N NaOH	2	温度 100℃
铁	10N NaOH	4	温度 100℃
铁	5N KOH	3	温度 100℃
铁	10N KOH	3	温度 100℃
铁	热水	0.011～0.032	
铁	海水	0.065～0.086	有泛潮
铁	海水	0.022～0.032	静置
钢	水	0.055～0.016	激流有溶解氧
钢	水	0.14～1.6	混浊
钢	土壤	0.02～0.032	中性疏松
钢	土壤	0.0045～0.016	中性
钢	混凝土	0.055～0.27	潮湿
钢	土壤	0.0001～0.0002	有良好保护层
钢	60％ NaOH	5	温度 100℃
钢	75％工业磷酸	0.043	温度 24℃
钢	75％工业磷酸	1.1	温度 55℃

续表

金属种类	介质成分	最小保护电流密度（A/m²）	试验条件
钢	75％工业磷酸	1.0	温度85℃
钢	40％磷酸试剂	1.9	温度48℃

最小保护电流密度的大小，主要决定于被保护金属的种类、电解质溶液的性质、温度、流速、电极极化率，以及金属与电解质溶液的过渡电阻。最小保护电流密度可通过试验方法得到。如表4-1所示，各种不同金属在不同腐蚀介质中所需要的最小保护电流密度。

进行阴极保护时，外加电流不应过小，但也不能过大。被保护金属失重与保护电流密度的关系如图4-9所示。

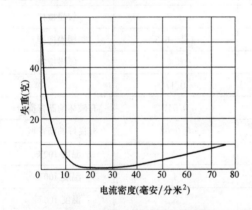

图4-9　锌在0.005N KCl溶液中的保护效果与电流密度关系

由图4-9可见，锌在0.005N KCl溶液中，保护电流密度与腐蚀失重的关系，当保护电流密度为15毫安/分米²时，对金属的保护程度达97％～98％，这时的保护电流密度叫最小保护电流密度。电流密度低于此值时，对金属锌的保护效果差。但当电流密度超40毫安/分米²时，保护程度降低，这是由于保护电流过大所引起的，称之为过保护。

2. 最小保护电位

金属设备进行阴极保护时，使金属设备腐蚀过程停止的电位值，称为最小保护电位。由图4-5可见，要使金属设备达到完全保护时，必须要将金属设备阴极极化，使它的总电位降低到与腐蚀电池的阳极电位 $E_阳$ 相等时，这时的电位称为最小保护电位。又如图4-7阴极与阳极之间的电位差为零，阴极不受到腐蚀，也即钢筋不受到腐蚀，这就是最小保护电位。试验证明，钢铁在天然水或土壤中的最小保护电位，对标准氢电极为 $-0.53V$，对饱和甘汞电极为 $-0.77V$。也就是说，只要钢铁设备的电极电位，保持比这个数值更负的电位值，就可得到完全保护。

在海水或土壤中，被保护的金属设备，是否达到保护电位，可用如图4-10的装置进行测定。

在现场测定被保护金属设备时，常用饱和硫酸铜电极作为参比电极。相对于饱和硫酸铜电极来说，钢铁保护的电位为 $-0.85V$。最小保护电位的数值因金属的种类和腐蚀介质不同而有差别。有人主张只要将被保护的金属设备加以阴极极化，使阴极电位往负偏移 $0.25 \sim 0.30\mathrm{V}$（与没有通电时的金属设备电位相比），就可达到完全保护。

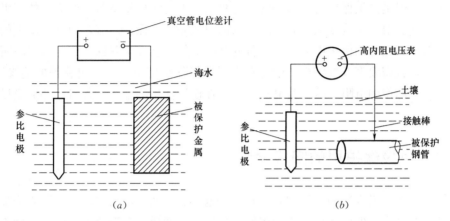

图 4-10　被保护金属设备电位的测定
(a) 在海水中；(b) 在土壤中

4.6　金属设备应用阴极保护的条件

根据阴极保护的原理可知，金属设备应用阴极保护时，必须具备以下条件：

1. 介质条件

阴极保护时，腐蚀介质必须是导电的，而且被保护的金属设备表面周围，腐蚀介质要有足够数量。阴极保护适用于中性盐溶液、海水、土壤、碱溶液、江湖水、污水、弱酸性溶液（如磷酸，醋酸等）。对于气体和不导电的介质，不能用阴极保护。因为气体条件下，不能形成连续电路。在上述可采用阴极保护的介质，在设备的周围，电解质的量也必须是大量的。这样，保护电流才有可能通过电解液层均匀分布到设备表面的各部分，使设备得到完全保护。若电解质的液层太薄，设备只能得到局部保护或根本得不到保护。因此，阴极保护只能适用于导电的介质，并且是大量的能够建立连续电路的导电介质。

2. 金属材料

凡在腐蚀介质中，能够进行阴极极化的金属材料，如碳钢、铸铁、不锈钢、铜和铜合金、铝及铝合金以及铅等金属材料，都可以采用阴极保护。在进行阴极保护时，阴极可能发生氢离子放电，造成溶液中氢氧根离子浓度增加。两性金属不耐碱，会造成腐蚀。因此，两性金属采用阴极保护有局限性。但在酸性介质中，是可以用阴极保护的，如铅在稀硫酸中是完全可行的。铝合金在海水中，采用阴极保护也是可行的。

3. 被保护金属结构的形状

如上所述，凡是在腐蚀介质中，能够进行阴极极化的金属材料，都可以用阴极保护。但是，被保护的金属结构不宜复杂。因为结构复杂时，所需要的阳极系统复杂化。由于结构复杂，靠近阳极的部位优先得到保护电流，而远离阳极的部位，得不到充分的保护电流，使设备的某些部位可能发生腐蚀。为了保证防腐蚀的安全，就需要多设置阳极。或者在靠近阳极保护部位，涂上耐腐蚀的绝缘层，增加这一部位的电阻，减少其电流密度。在设计保护的金属设备时，外形应尽量简单。

4.7　阴极保护用的阳极材料

对金属材料进行阴极保护时，有外加电流法和牺牲阳极法，这两种方法都需要用阳极材料，但该两种方法所用的阳极材料在性质上是完全不同的。分别叙述如下：

1. 外加电流法的阳极材料

外加电流法所用的阳极材料，主要目的是使外加电流通过它送到被保护的金属设备上，使阴极极化。故选用的辅助阳极材料要满足以下要求：（1）有良好的导电性；（2）阳极材料本身不受介质侵蚀；（3）有较好的机械强度；（4）易于加工，价格便宜。现在外加电流法，所用的阳极材料如表 4-2 所示。

外加电流法使用的阳极材料及其性能　　　　　　　　表 4-2

材料	密度 (g/cm³)	使用电流密度 (A/m²)	消耗率 [kg/(A·a)]	说　明
碳钢	7.8	10～100	9～10	电流达 1000A/m² 仍保持理论消耗率
铝	2.7	5～50	2～4	电流达 500A/m²，易加工，性能好，适用于封闭系统，易消耗
石墨	约 1.8	10～100	0.2～0.9	质脆易碎，土壤中应用时周围填充焦炭粉可降低电阻提高电流，延长寿命
高硅铸铁	7.0	50～300	0.2～0.5	硅 14%～17%，钼 3%或含铬 5%，锰 1%等；适用于海水和地下
磁性氧化铁		40～400	0.1	含 92%四氧化三铁，4%硅，1%氧化钙，1%三氧化二铝等。易裂，适用于海水和地下
铅-银合金	11.3	100～165	0.1～0.2	含银 2%，镁 5%～6%，使用时电流不可小于 30 A/m²
铅-银-铋	11.3	500	0.002	含银 10%，铋 2.6%

续表

材料	密度 (g/cm³)	使用电流密度 (A/m²)	消耗率 [kg/(A·a)]	说　明
铂	21.5	500~5000	0.002~0.006	用 0.05~0.1mm 铂片制成各型阳极
镀铂钛	6	250~1000	6×10^{-6}	耐压 12V，包覆铂可耐 5000A/m²
镁	−1.6	0.7	2200	镁＞99.95，其余为铝锰铜铁锌等
锌	−1.05	0.2	820	铁＜0.0014，铜＜0.001，锌＞99.95
锌-铝	−1.04	0.18	820	铝 0.4~0.6，铁 0.001，铜 0.001，铅 0.006
锌-锡	−1.05	0.19	820	锡 0.1~0.3，铁 0.001，铜 0.001，铅 0.005
铝-锌	−0.960	0.15	2880	锌 4~6，铁 0.19，铜 0.01，硅 0.1

现在，外加电流使用的阳极材料有废钢、石墨、高硅铸铁、磁性氧化铁、铅银合金、镀铂的钛等。

2. 牺牲阳极材料

牺牲阳极的阴极保护法，利用牺牲阳极与被保护金属之间有较大的电位差，产生电流来达到保护金属设备的目的。故牺牲阳极材料，必须具备以下条件。

（1）与被保护金属相比，有足够低电位；（2）每单位消耗量所发生的电量要大；（3）自己的腐蚀很小，电流效率高；（4）有较好的机械强度，成本低。现在工程上常用的牺牲阳极材料有铝、镁、锌及其合金。

第5章 氯离子对混凝土结构中
钢筋的腐蚀及检测

5.1 引言

Cl⁻对混凝土结构的腐蚀破坏，是因为混凝土中钢筋表面的Cl⁻浓度达到某一限值以后，使钢筋表面的钝化膜破坏，产生孔蚀，在空气和水分作用下，形成微电池及宏观电池，使金属铁变成铁锈，体积增大膨胀，混凝土保护层剥落破坏。逐步导致结构物承载能力下降，甚至毁坏。

Cl⁻对沿海及海洋混凝土结构物的腐蚀破坏，是严重的混凝土结构耐久性问题。世界上一些国家由于环境对结构腐蚀破坏，造成的损失平均可占国民生产总值的 2%～4%。

混凝土结构中的 Cl⁻，有混凝土组成材料带进去的，也有从结构外部扩散渗透进去的。组成材料带进内部的 Cl⁻可以选择控制，外部扩散渗透进去的 Cl⁻与结构所处的环境条件有关。Cl⁻由混凝土结构表面渗透扩散到内部，取决于环境Cl⁻浓度、温度、混凝土组成材料和混凝土结构，衡量其扩散快慢取决于 Cl⁻扩散系数。

根据混凝土的 W/C 及水泥品种，可以计算出 Cl⁻扩散系数的大小，以其评价混凝土的抗 Cl⁻扩散渗透性能，这对混凝土抗氯盐的耐久性设计有很大的帮助。

5.2 混凝土结构中的氯离子

1. 混凝土材料导入的氯离子

防冻剂中的 $CaCl_2$、海砂、掺合料、水和化学外加剂等，都可能导入氯离子。混凝土材料中，海砂中氯离子对结构造成的破坏，如图 5-1 所示。由混凝土组成材料导入的 Cl⁻量，不应超过表 5-1 规定的极限值。

由于材料导入氯离子量太大，如使用海砂的混凝土中，使氯离子量超过了规定值。凝聚在混凝土中钢筋表面的氯离子超过了规定的限值后，钢筋表面的钝化膜发生孔蚀，发展到电化学腐蚀，进一步钢筋发生锈蚀，混凝土结构开裂破坏。如图 5-1 所示。

混凝土中氯离子含量规定值及允许导入量　　　表 5-1

混凝土质量等级	混凝土中 Cl⁻ 含量	①		②	③
		细骨料		水	①+②
高级混凝土	规定值	0.04%		0.033%	
	导入量(g/m³)	800kg×0.04%＝320g		200kg×0.033%＝66g	386g≥
普通混凝土	规定值	0.1%		1g/L(可溶性蒸发残余物)	
	导入量(g/m³)			200kg×1%＝200g	1000g

图 5-1 (*a*) 是深圳某住宅楼电梯间的顶棚混凝土开裂，是由于采用了海砂混凝土。图 5-1 (*b*) 是日本冲绳的住宅楼阳台坍塌，由于使用了海砂和外部海盐氯离子渗入，钢筋严重破坏造成的。

(*a*)　　　　　　　　　　　　　　　(*b*)

图 5-1　使用海砂的混凝土钢筋锈蚀与破坏

(*a*) 深圳某建筑顶棚剥落开裂；(*b*) 日本冲绳的住宅楼阳台坍塌

2. 外部侵入的 Cl⁻

外部侵入混凝土中的 Cl⁻，与混凝土结构所处的环境有关。一般情况下，外部侵入混凝土结构的 Cl⁻，是由海水、海盐粒子、含 Cl⁻ 的地下水、融冰盐及 PVC 燃烧时产生的 Cl⁻ 组成。

（1）海水对混凝土结构的作用

海水对海上混凝土结构的作用如图 5-2 所示。各部分 Cl⁻ 的作用负荷不同：如表 5-2 所示。

海上混凝土结构不同部位的 Cl⁻ 作用负荷　　　表 5-2

海水中	潮汐区	浪溅区
1.0	1.8	4.4

浪溅区的 Cl⁻ 作用负荷最大，为海水中的作用负荷的 4.4 倍。Cl⁻ 由表向里扩散，并逐渐降低。

海中桥墩柱不同部位

图 5-2　跨海大桥及不同部位受海水腐蚀

（2）不同地区的海水组成

海水中 Cl^- 对混凝土结构的扩散渗透，除了结构不同部位受海水作用不同外，还与海水中 Cl^- 浓度有关。不同地域的海水组成，如表 5-3 所示。除了 Cl^- 浓度外，Cl^- 的扩散还与温度有关。例如，温度由 20℃上升至 30℃时，Cl^- 的扩散渗透速度增大 2 倍。海水及海盐粒子对结构破坏如图 5-3 所示。

不同地域的海水的组成（mg/L）　　　　　　　　表 5-3

海水离子	波罗的海	北海	大西洋	地中海	阿拉伯湾
K^+	180	400	330	420	450
Ca^{2+}	190	430	410	470	430
Mg^{2+}	600	1330	1500	1780	1640
SO_4^{2-}	1250	2780	2540	3060	2720
Na^+	4980	11050	9950	11560	12400
Cl^-	8960	19890	17830	21380	21450
盐分全量	16.2%	35.9%	32.65%	38.7%	38.9%

由表 5-3 可见，不同地区的海水 Cl^- 含量和 SO_4^{2-} 含量差别甚大。不同地区的海水盐分含量也不同，波罗的海海水的盐分含量 16.2%，阿拉伯湾海水的盐分含量达 38.9%，为前者的 2 倍以上，故对结构引起的破坏程度也有差别。

海水及海盐粒子对结构破坏如图 5-3 所示。白浪河大桥在山东潍坊，该桥建成后，使用不到 10 年，桥两边的边梁的钢筋保护层成片剥落，是由于边梁中的钢筋受海盐腐蚀所至。在桥梁的周边有许多盐田，晒盐时，海风把海盐粒子吹到边梁上，氯离子向边梁内部扩散造成了钢筋腐蚀，使保护层开裂剥落。

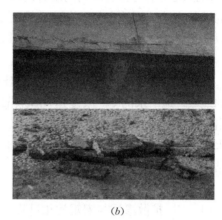

(a)　　　　　　　　　　　　　　　　(b)

图 5-3　海水及海盐粒子引起的结构破坏（白浪河大桥）

(a) 边梁底面钢筋锈蚀保护层剥落；(b) 剥落下的混凝土保护层

（3）离海岸不同距离混凝土结构表层的盐分含量

混凝土结构表层由于海水作用带来的盐分，与离海岸距离、海洋地域、海岸状态、有无遮挡物及海风的强度等有关。日本樫野等人总结出来的离海岸不同距离的混凝土表层部分的盐分含量如图 5-4 所示。

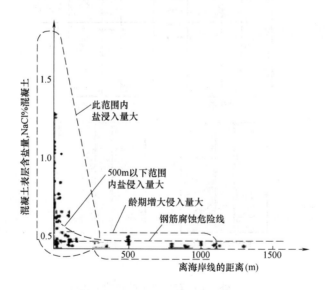

图 5-4　离海岸线不同距离的混凝土表层盐分含量

由图 5-4 可见，离海岸线≤1000m 的混凝土结构物，表面附着的 Cl^- 向内部扩散渗透，会比预想的多。也即越靠近海边的钢筋混凝土结构，越容易受到盐害的腐蚀破坏，必须加以注意。

对混凝土结构物表面或钢筋表面进行涂膜时，可抑制盐分的扩散渗透。海岸边的混凝土建筑物，表面贴瓷砖或粉刷涂料，均能延缓 Cl^- 向内部扩散渗透，也可以通过电化学防护技术，使结构得到保护。

（4）地下水中 Cl^- 的作用

如果是盐碱地的地下水，往往含有比较多的 Cl^-。例如在山东东营黄河大桥所处的地域，地下水的 Cl^- 浓度达 57300mg/L，比青海湖区的 Cl^- 浓度 24110 mg/L高出 1 倍多。在山东的东营、潍坊等地，有很多地下水为卤水，抽出这些水晒盐。卤水或晒成的盐，随风飘附于钢筋混凝土桥梁的表面，与水分一起扩散渗透到混凝土结构内部，造成腐蚀破坏。

3. Cl^- 在混凝土中扩散渗透的机理

（1）Cl^- 扩散渗透与宏观劣化过程

外部 Cl^- 由混凝土表面扩散渗透到内部，并逐步扩散渗透到混凝土中钢筋的表面。这时，如果 Cl^- 含量超过了某极限值，钢筋就发生锈蚀，使用年限的增长，钢筋的表面 Cl^- 含量不断增加，结构的劣化更加严重，甚至破坏，如图 5-5所示。

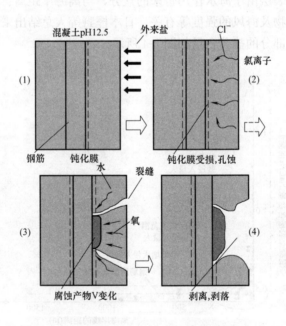

图 5-5　外部 Cl^- 对混凝土结构的劣化过程

外部 Cl^- 通过扩散侵入混凝土结构内部，首先经过混凝土保护层，扩散到钢筋表面，当 Cl^- 达到某一阈值时，钢筋表层钝化膜破坏，产生孔蚀，钢筋表面的Cl^- 浓度继续增大，并在水分和空气作用下，发生锈蚀，铁锈的体积增大，使混凝土结构开裂破坏。

图 5-6 是外部 Cl^- 扩散侵入混凝土结构，使钢筋锈蚀，结构开裂破坏的进展模式图。图中，Cl^- 侵入混凝土结构，扩散到钢筋表面，这一过程是 Cl^- 的潜伏期。当钢筋表面 Cl^- 含量超过阈值时，钢筋开始发生孔蚀，进入到发展期。侵入的 Cl^- 进一步增多，在水分和空气的作用下，发生锈蚀，产生铁锈，体积增大，混凝土保护层开裂，进入图中所示的加速期。外部 Cl^- 进一步侵入，并在水分和空气的作用下，钢筋锈蚀加剧，保护层剥落，结构承载能力下降，进入劣化期。

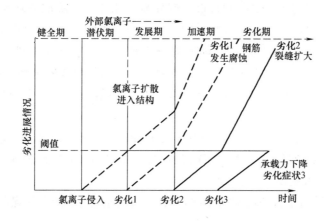

图 5-6　Cl^- 侵入混凝土结构开裂破坏进展模式

（2）Cl^- 在混凝土微管中的扩散渗透

Cl^- 由混凝土表面通过扩散渗透进入混凝土是一个持续多年的缓慢过程。

吸附在混凝土结构表面的 Cl^- 通过毛细管的吸附和扩散，迁移进入混凝土的过程中，会与水泥水化物发生反应，生成 Friedel 盐（$3CaO \cdot Al_2O_3 \cdot CaCl_2\,aq$）及其他水化物。毛细管孔壁也对 Cl^- 产生吸附，被毛细管壁吸附的 Cl^- 与 Friedel 盐中的 Cl^-，都属固化的 Cl^-，还有另一部分为自由的 Cl^-，如图 5-7 所示。

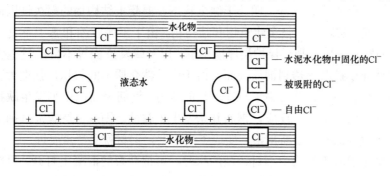

图 5-7　混凝土毛细管孔隙中 Cl^- 的存在状态

与水泥水化物起化学反应，被固化的 Cl^- 如果不再溶解，是无害的。但由于碳化作用，Friedel 盐（$3CaO \cdot Al_2O_3 \cdot CaCl_2 aq$）要分解，$Cl^-$ 再次游离出来，提高了毛细管孔隙中自由 Cl^- 的浓度，加速了 Cl^- 向混凝土内部的扩散。

自由 Cl^- 在混凝土孔隙溶液中能通过浓度梯度进行扩散渗透，也叫有效 Cl^-。当混凝土结构中钢筋表面的 Cl^- 浓度超过某极限值时，钢筋就会发生锈蚀，使混凝土结构逐步劣化。

（3）Cl^- 扩散系数

如上所述，混凝土中氯盐的含量，可分为两部分，可溶部分和被固化部分，两者之和为全部氯盐含量。直接影响钢筋锈蚀的是容易溶于水中的可溶部分，但是作为被固化的 Friedel 盐，也伴随着混凝土被碳化而变成可溶性氯盐。因此，评价混凝土中氯盐时，以全部氯盐含量为基准，对结构更为安全些。以全部氯盐含量检测出的 Cl^- 扩散系数，称为表观 Cl^- 扩散系数。可用以下公式计算表观 Cl^- 扩散系数：

$$longD = [4.5(W/C)^2 + 0.14(W/C) - 8.47] + long(3.15 \times 10^7) \qquad (5-1)$$
$$longD = [19.5(W/C)^2 + 13.8(W/C) - 5.74] + long(3.15 \times 10^7) \qquad (5-2)$$

式中 W/C——水灰比。

式（5-1）适用于普通硅酸盐水泥，式（5-2）适用于矿渣及粉煤灰水泥。

5.3 混凝土中钢筋锈蚀机理

了解混凝土结构中钢筋是如何受到腐蚀的，并了解其腐蚀机理以后，推断腐蚀机理的主要原因，就可以研究采取相应的防腐蚀方法，排除造成结构腐蚀的原因。

1. 混凝土内钢材腐蚀的主要原因

混凝土内钢材是处于高碱性环境下，表层具有一层钝化膜，使钢材处于防锈状态。由于这个原因，钢材长期处于健全状态，混凝土结构物的耐久性因此也不成问题。但是，实际上，很多建筑物和结构物，由于干燥收缩和施工不良等种种原因，早期常常发生开裂。保护层厚度不够，以及蜂窝麻面等不良质量也常会发生。腐蚀性介质扩散渗透到钢筋表面，由于腐蚀性介质不断累积，强度大，使钢筋表面的钝化膜损伤，并失去了自动修复的能力。钢筋表面钝化膜发生缺损，也即发生孔蚀。由于电化学反应，钢筋开始发生了腐蚀。图 5-8 是盐害对钢筋腐蚀实例，由于侵入的 Cl^- 逐渐积累，变成了高浓度，钢材就受严重腐蚀。

为了确定混凝土结构中钢材锈蚀的状况，可把开裂的混凝土打开，目视钢筋是否锈蚀，但这会造成混凝土躯体的损伤，一般都采用非破坏性检测方法，检验混凝土中钢材锈蚀的问题。

图 5-8　混凝土中钢筋腐蚀情况

　　非破坏性检测混凝土中钢材锈蚀的方法，是建立在钢材腐蚀的现象是一种电化学反应的基础上。这样，就可以采用自然电位法和分极电阻法等电化学方法，去检测混凝土中钢材锈蚀。此外，混凝土中 Cl^- 扩散渗透深度，可通过腐蚀因子定量化进行判断，或者通过 X 光照相直接描述腐蚀状态的方法等。

2. 钢筋腐蚀的电化学反应

　　如上所述，钢筋在混凝土中，完全处于碱性保护状态，表面形成钝化膜或称不动态皮膜（有学者认为是含水氧化物超薄膜，厚度 20～60A）钢筋处于防锈状态。但如果对钢筋的腐蚀性因子的强度大，使钢筋表面损伤的钝化膜，不能自动修复，钢筋的表面处于活性状态，就会发生电化学腐蚀，如图 5-9 所示。

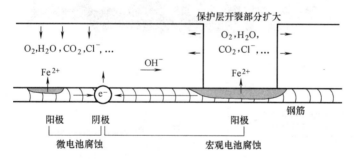

图 5-9　混凝土中钢筋发生电化学腐蚀

　　在钢筋上发生微电池腐蚀和宏观电池腐蚀。腐蚀的反应式如下：

阳极：$2Fe \rightarrow 2Fe^{2+} + 4e^-$

阴极：$O_2 + 2H_2O + 4e^- \rightarrow 4OH^- \quad \rightarrow Fe(OH_2) \rightarrow Fe(OH)_3$ 铁锈

　　在图 5-9 左边，由于钢筋表面的微缺损，产生孔蚀，钢筋失去电子 e^- 成为铁离子（$2Fe^{2+}$）；电子流动走向阴极，生成 OH^-；OH^- 进入阳极与 Fe^{2+} 反应，生成 $Fe(OH)_3$（铁锈）。

　　钢材的腐蚀反应是钢材表面和外界的电化学反应，一般用金属在水溶液中的腐蚀来解释。

金属在水溶液中表面形成双电层，双电层表面的正负离子是均等分布的，如图 5-10 (a) 所述的，在厚度为 10A°左右的表层，正电荷与负电荷分离之后，形成了双电层。在这个界面领域内，铁原子离子化后，吸附着其他阳离子和水分

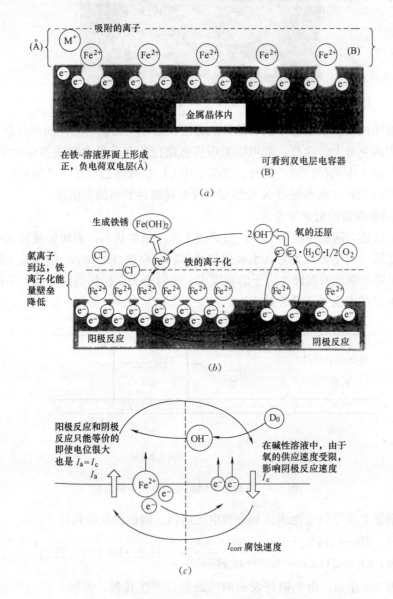

图 5-10　钢材表面和外界的电化学反应概念图

(a) 铁表面和水溶液的界面处发生双电层；(b) 由于腐蚀因子到达钢筋
表面形成阳极、阴极；(c) 铁表面腐蚀的反应发生电流流动

子。铁的内部靠近水溶液一侧的正离子和平衡的电子存在一起。发生腐蚀现象时，从上面所述的双电层可知，铁从金属原子变化成阳离子，但这时需要相当大的能量。

由图 5-10（*b*）可见，氯离子等腐蚀性介质，到达钢筋表面，双电层能量壁垒变小，铁原子容易离子化。在这个过程，铁离子化形成阳极部分，电极电位向负的（较活泼）方向变化。此外，从铁离子分离出来的电子，为了保持金属内的电化学平衡，被消耗用于氧元素的还原。也即阴极反应。

从理论上讲，如果知道了金属晶体内移动电子的数量（腐蚀电流 I_{corr}），就能根据法拉第第 2 定律严密地求出溶出的离子量（腐蚀量）。但是，当前测定腐蚀电流很困难；较方便的是通过测定腐蚀反应电阻，去求出腐蚀反应速度的方法，也就是分极极化电阻的方法。

5.4　钢筋腐蚀的电化学特性值和检测方法

上述可见，钢筋腐蚀的过程，是一种很明确的电化学反应的过程。钢筋发生锈蚀处是阳极，金属离子带正电荷从阳极向外移动，产生电流。与此相反的方向，如图 5-10（*c*）所示的，电流（I_c）从阴极流向阳极（I_a），又从（I_a）流回（I_c），是顺时针方向，形成电流的回路。使所谓（腐蚀）的电化学反应，保持着某一速度进行。

腐蚀在金属中进行的时候，阳极带负电，自然电位向负的方向（较活泼的方向）变化。当从外部强制通入电流以后，金属的电位变化不那么活泼。使腐蚀电位的指标变小，也即分极极化电位变小。把腐蚀金属中阳极的自然电位，与外部通入电流的电位，处于平衡状态。利用这两个电化学特性值的平衡状态，去测定金属的腐蚀。这就是自然电位法测定金属的腐蚀。

关于混凝土中钢筋腐蚀的非破坏性检测方法，1977 年，美国制订了 ASTM C876 标准，按照该标准，能找出混凝土中钢筋受腐蚀位置和推算出被腐蚀百分率，故在世界上得到了广泛应用。经过数年后，ASTM C876 标准介绍到了日本，日本很快就着手研究其适用性。日本混凝土工学协会，在海洋混凝土结构物的防腐蚀指南（草案）（修订版）中对自然电位法作了广泛的介绍。在 2000 年，日本土木学会标准 JSCE-E 601：2000 "在混凝土结构物中自然电位测定方法"已作为标准化。当前，在中国市场上，也有自然电位法测定的相关仪器销售。下面较详细地介绍自然电位法。

（1）原理及使用范围

如图 5-10（*c*）所示，金属的腐蚀过程，是一种电化学反应。在金属的受锈蚀处（阳极），带正电荷的金属离子，向外界移动，沿着移动的方向产生电流。而外部的电流，又流向金属内部剩余电子还原处，这样形成电流回路，进行着具有一定腐蚀速度的电化学反应。

在腐蚀过程中的某种金属，阳极部分带负电，自然电位向负的（较活泼）方向变化。通过用电位差计、校对电极，和试样金属之间的电位差，能简单地测定金属的自然电位。根据两者电位差消除其中流动的电流，用电位差计的电池以及内部电阻使其发生相反极性的电流，用这样简单组合测定自然电位。混凝土结构中的钢筋，通过自然电位的测定，能对应其腐蚀状态。显示出来钢筋是否处于腐蚀状态。

对于实际结构物，研究采用电化学方法，检验其适用性，在土木结构物中有很多应用实例。其特点是将结构物表面的装饰除去，直接检测结构物表面。在海洋严酷环境，担心结构物中钢筋发生腐蚀或已经发生劣化，也用测定自然电位方法。进行评估结构物中钢筋是否发生腐蚀。实际工程中，用电化学方法检测钢筋的劣化，已有很多实例。

（2）测定顺序

2000年时，日本土木学会标准"在混凝土结构物中自然电位测定方法"（JSCE-E 601-2000，图5-11）成为标准化。在该标准中，表达了测定的准备工作、测定装置及一系列顺序。

接通混凝土中钢材和电位差计的电路。测定之前，必须检查钢筋的一端确实接上了导线，而且要测定钢筋能否通过电流。自然电位测定的位置，要根据结构物的种类、大小、环境等决定。测定点的位置，应为钢筋的上面，距离为10～30cm。

校对电极前端的海绵状编织物和脱脂棉，要用水润湿。此外，在寒天，电极

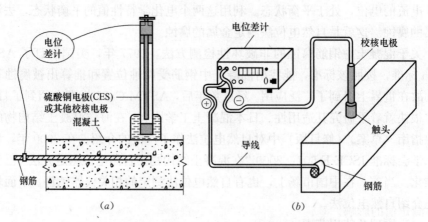

图5-11　等价电流电路及混凝土中钢筋电位测定方法

(a) 等价电流电路模型；(b) 混凝土中钢筋电位测定方法

与混凝土表面要涂上电解质溶液。而且混凝土表面一定要喷雾洒水，处于润湿状态。因此，测定前 30 分钟左右，要喷雾洒水，使混凝土表面潮湿。其后，要在 1 小时内测定完毕，测定结果才能稳定。图 5-11 是混凝土中钢筋电位测定方法。

图 5-11 (a) 所示为：1) 铜-硫酸铜电极（标准氢电极基准采用 0.316V），与混凝土中钢筋构成测定回路；2) 电极面和混凝土表面接触处涂上电解质溶液；3) 混凝土和装饰材料干燥状态时，用水润湿后再用，测定时电位值 5 分钟内在 ±0.02V 内变化；4) 在构件表面，设定适当尺寸的格子状的测点，以描绘测定面的电位分布图（等价电位图）；5) 整理测定值的累计度数百分率（%），进行测定值的表示和评价；6) 电位测定值是钢筋腐蚀现状指标，参阅表 5-4。

（3）评价基准

ASTM C876 电位测定的评价基准，如表 5-4 所示。对混凝土中无涂层钢筋，按照 ASTM C876-91 自然电位法，测定钢筋腐蚀状态，按表 5-4 进行钢筋腐蚀的评价。但饱和硫酸盐电极要进行修正，如表 5-5 所示。

ASTM C876 电位测定的评价基准 表 5-4

电位测定值 E(V vs CSE)	评 价
$-200\text{mV}<E$	90%以上的概率是非腐蚀状态
$-350\text{mV}<E\leqslant-200\text{mV}$	腐蚀状态不确定
$E\leqslant-350\text{mV}$	90%以上的概率是腐蚀状态

饱和硫酸盐电极修正值 表 5-5

偶合电池的类型	代号	电位的修正值(mV)(对铜-酸铜电极)
饱和甘汞电极	SCE	-71
银-氯化银电极	Ag-AgCl	-120
铜-硫酸铜电极	CSE	0

也即用其他电极，如饱和甘汞电极和银-氯化银电极时，对于铜-硫酸铜电极要进行修正。

但从混凝土表面测定钢筋的自然电位还有以下问题：测定值受钢筋保护层性能的影响。结构物在大气中，混凝土的含水率，氯离子的含量，中性化等多种因素的影响，电位值变化最大达 150～200mV 左右。为了提高测定值的可靠性和再现性，还需要进行以下工作。

了解混凝土保护层部分的性状（含水率、中性化深度、氯离子含量等），对电位测定值的影响。可从上表面钻孔通到钢筋表面，安放电极，采用盐桥测定，如图 5-12 所示。用测定出来的数值，对原来的结果加以修正。

当混凝土表面比内部潮湿时，比真正测出来的电位要低；表面比内部干燥时，测出来的自然电位要高。

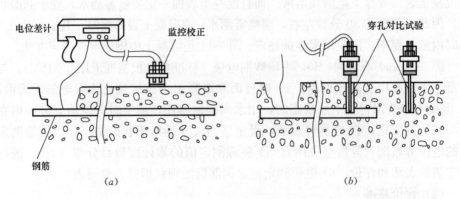

图 5-12　钻孔验证法检验
(a) 表面测定法；(b) 穿孔验证法

5.5　自然电位法检测应用实例

从混凝土表面测定混凝土中钢筋的自然电位。根据测定的电位值和电位分布，判断钢筋的腐蚀状况和腐蚀范围。如图 5-13 所示。

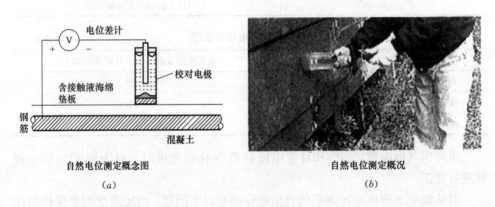

图 5-13　自然电位测定概念与应用
(a) 自然电位测定概念图；(b) 自然电位测定混凝土墙面

1. 混凝土结构物山墙面柱子的自然电位测定

对某混凝土结构物山墙面的柱子，测定了南、北两侧的自然电位，如图 5-14 所示。在测定时，混凝土处于干燥状态。在表面测定的自然电位，按不同情况，要比真值高数百毫伏。因此，要修正保护层混凝土带来电位差，然后求出自然电位分布。

保护层混凝土带来电位差修正值如图 5-15 所示。修正后的自然电位测定值

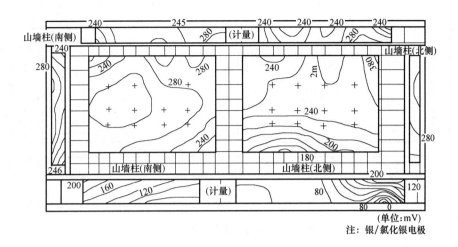

图 5-14　山墙柱子南北两侧的自然电位测定值

如图 5-16 所示。

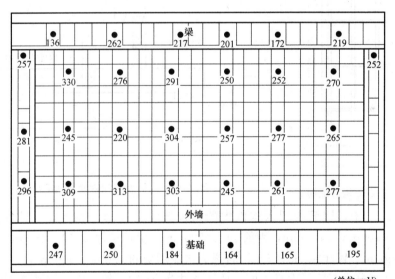

图 5-15　保护层混凝土电位差修正值

由等值电位图，根据表 5-4，就可判断柱子中钢筋的腐蚀状况。

2. 混凝土构件中钢筋腐蚀的检测

混凝土构件的配筋如图 5-17 所示，校对电极与构件中钢筋连接如图 5-18 所示。

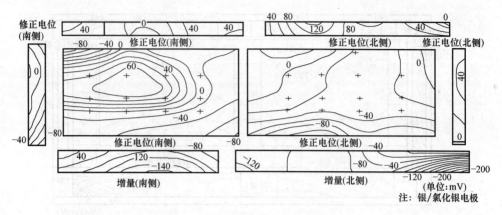

图 5-16　修正后自然电位测定值

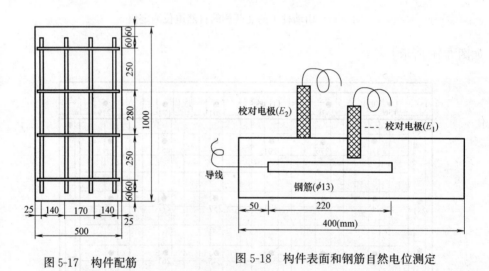

图 5-17　构件配筋　　　　　　图 5-18　构件表面和钢筋自然电位测定

图 5-18 中，钢筋与埋入构件中的铅校核电极（E1）相连接。试件尺寸为 $100mm \times 100mm \times 400mm$，钢筋 $\phi 13 \times 220mm$，保护层厚度 $40 \sim 45mm$，水泥用量 $300kg/m^3$，$W/C = 65\%$，Cl^- 含量为水泥用量的 1.0%（$3kg/m^3$）。

试件浇筑成型后，次日脱模，放于水中养护 7d，然后在空气中养护。检测含水率与自然电位关系，自然电位采用铅校对电极和高输入电阻电位差计进行测定。随着碳化进行对自然电位的影响也进行了测定。试件水中养护后，放入二氧化碳浓度 20%，温度 $30℃$，相对湿度 40% 的保温箱中养护。

（1）含水率变化与自然电位变化关系

含水率与钢筋近傍的自然电位 E_1、混凝土表面的自然电位 E_2 的关系如图 5-19 所示。

E_1 的变化范围 $-270 \sim -320mV$ 伴随着含水率的降低自然电位正的方向发

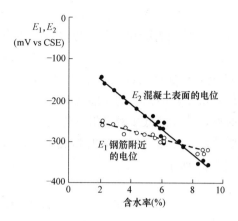

图 5-19　含水率与 E_1 及 E_2 的关系

展。含水率降低越大，E_2 与 E_1 之差越大，钢筋本身的自然电位要用保护层电位加以修改。含水率（X）变化产生的电位变化（Z）是 E_2 与 E_1 之差，可近似用下式表示：

$$Z(mV)=-20X(\%)+140 \tag{5-3}$$

当含水率＝7％时，$E_2=E_1$；比这个含水率低时，自然电位向正的方向变化。如果考虑线路及温度的影响电位还有 ±15mV 的变化；因此，含水率为6％～8％内，$E_2=E_1$ 进行修正。

（2）伴随着碳化进行电位的变化

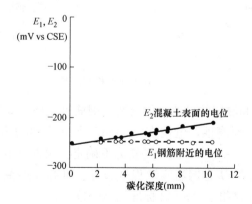

图 5-20　碳化深度与 E_1 及 E_2 的关系

碳化深度与 E_1、E_2 的关系如图 5-20 所示。E_1 显示出一定的电位值，为 −259mV 左右。达到钝化膜反应的状态。随着碳化的进行，含水率的变化，用 E_2 修正公式（5-3），调查由于碳化的进行自然电位的变化。E_2 随着碳化的进行向更负的方向偏移，这也需要进行必要的修正。

由于碳化深度 Y 的变化电位产生的变动 Z 如式（5-4）所示。

$$Z(\text{mV}) = 4Y(\text{mm}) \qquad\qquad (5\text{-}4)$$

含水率 6%～8%范围，伴随着碳化发生，也没有必要修正。

（3）钢筋腐蚀的判断

检测构件如图 5-17 所示。配筋与混凝土配比也相同，试件在自然环境下暴露 5 年后，用自然电位法检测其中钢筋的腐蚀状况。

自然电位测定的时候，为了降低接触电阻，先用水浇透表面，然后用旋转式铅校对电极进行测定电位前，先测定碳化深度和混凝土含水率，以便修正结果。钢筋腐蚀检测结果如图 5-21 所示。

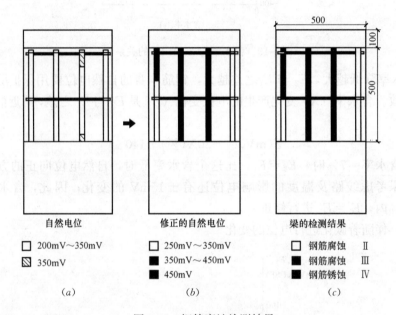

自然电位　　　　　　修正的自然电位　　　　梁的检测结果

□ 200mV～350mV　　□ 250mV～350mV　　□ 钢筋腐蚀　　Ⅱ
▨ 350mV　　　　　　■ 350mV～450mV　　■ 钢筋腐蚀　　Ⅲ
　　　　　　　　　　■ 450mV　　　　　　■ 钢筋锈蚀　　Ⅳ

（a）　　　　　　　　（b）　　　　　　　　（c）

图 5-21　钢筋腐蚀检测结果

按 ASTM 标准和测定的自然电位判断，钢筋有无腐蚀如图 5-21（a）所示。90%以上的概率判断有腐蚀，电位在－350mV 以下的部分和中心部位有裂缝；大部分的电位在－200～－350mV，判断为不确定。根据日本建设省"混凝土耐久性评价技术的开发"认为钢筋腐蚀程度为Ⅱ、Ⅲ和Ⅳ的范围，如图 5-21（c）所示。这标准和检测结果及 ASTM 标准也是一致的。

图 5-21（b）的结果是根据含水率和碳化深度进行了修正的。含水率为 4.0%～4.8%，碳化深度 6～10mm，经修正后的自然电位如以下三个范围：

1）－250～－350mV

2）－350～－450mV

3）－450mV≥E

从这个结果和图 5-21（c）显示的目测结果相比，自然电位比－250mV 更低的电位，完全确定其腐蚀。在－250～－350mV 的范围，钢筋腐蚀为Ⅱ，也即有锈斑。－350～－450mV 的范围，钢筋腐蚀为Ⅲ，也即有面腐蚀。而比－450mV 更低的电位（－450mV≥E）腐蚀范围为Ⅳ，出现断面缺损。本研究如钢筋腐蚀处于Ⅰ、Ⅱ状态，电位为－250mV 以上，钝化膜未受损伤，处于完好状态。

（4）用于结构构件的检测

检测后判断其结果可根据表 5-6 进行分析，自然电位检测后，要否修正，可参阅图 5-22。自然电位修正法用于实际结构物的板、桥墩、隧道侧墙等钢筋混凝土结构如表 5-7 所示。

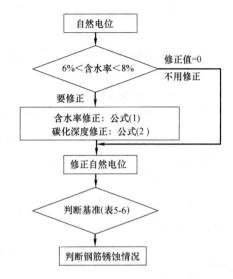

图 5-22　自然电位的修正过程

修正后的自然电位和钢筋腐蚀的关系　　表 5-6

修正的自然电位		钢筋腐蚀程度
－250mV＜E	Ⅰ	无腐蚀，黑皮状态
－350mV＜E≤－250mV	Ⅱ	表面有锈斑
－450mV＜E≤－350mV	Ⅲ	表面有一层薄锈，混凝土有锈粘着
E≤－450mV	Ⅳ以上	锈体胀，断面缺损，而且一直进行

对实际结构物的应用　　表 5-7

部位	测定 E (mV)	ASTM 判断	含水率 (%)	碳化深度 (mm)	盐分 (kg/m³)	修正 E (mV)	腐蚀推断值	腐蚀程度
面板	－100～120	无	4.3～4.6	8～10	1.0	－230～250	Ⅰ	Ⅰ
桥墩	－20～40	无	3.0～3.2	53～55	3.5	－280～330	Ⅱ	Ⅱ
桥墩	－251～280	不确定	4.0～4.5	5～10	3.0	－310～340	Ⅱ	Ⅱ
桥墩	－270～320	不确定	4.0～4.5	5～10	3.0	－359～420	Ⅲ	Ⅲ
桥墩	－350～370	有腐蚀	4.0～4.5	5～10	3.0	－430～450	Ⅲ	Ⅲ
面板	－230～260	不确定	4.8～5.2	20～25	1.0	－410～440	Ⅲ	Ⅲ
侧墙	－460～490	有腐蚀	7.1～7.8	15～20	10	－460～490	Ⅳ以上	以上
侧墙	－530～580	有腐蚀	7.1～7.8	15～20	10	－530～580	Ⅳ以上	以上

混凝土表层及钢筋附近的含水率不同以及由于碳化对电位的影响，按图5-22 的流程进行修正。含水率 6％～8％时不用修正，在此范围以外的含水率和碳化

深度，按公式（5-3）、式（5-4）进行修正，最终如表 5-7 所示。

5.6 吸附剂抑制氯离子对钢筋腐蚀电位的测定

马来西亚的 IKRAN 公司，在地中海承包了土建工程，拟用海砂拌制混凝土生产构件，为了解决海砂中氯离子对构件中钢筋的腐蚀，希望用作者研发的氯离子吸附剂，抑制钢筋的腐蚀。从地中海将海砂运至清华大学进行试验，采用自然电位法测定了试件中钢筋的腐蚀。

1. 地中海海砂检测

密度 $2.73g/cm^3$，堆积密度 $1656kg/m^3$，空隙率 39.4%。筛分分析试验结果如表 5-8 所示。

海砂筛分分析试验结果 表 5-8

筛孔尺寸(mm)	10.0	5.0	2.50	1.25	0.63	0.315	0.16	≤0.16
筛余量(g)	0	0	0	1	6	301	163	29
分计筛余百分率(%)	0	0	0	0.2	1.2	60.2	32.6	5.8
累计筛余百分率(%)	0	0	0	0	1	62	94	100

由表 5-8 可见，细度模数 2.6，属中砂。依据 GB/T 14684—2001 标准判断，级配不合格。

砂中 Cl^- 和 SO_4^{2-} 含量测定：SO_3 含量 0.23%，按 GB/T 14684—2001，SO_3 含量允许 0.5%，合格。Cl^- 含量 0.170%，与未除盐的海砂中氯化钠含量为 0.15%~0.3% 相吻合。

2. 砂浆中钢筋锈蚀的试验

为了检验河砂、海砂，以及外掺氯化钠、氯离子吸附剂砂浆试件中的钢筋锈蚀，进行了表 5-9 所示的试验。

不同材料组成的砂浆试件中钢筋锈蚀的试验方案 表 5-9

序号	砂浆材料组成及配比	试验条件	检测评估
1	砂浆材料组成：P.O42.5 水泥河砂 灰砂比 1:3 水灰比 0.5 试件：40mm×40mm×160mm 内埋有钢筋	3% NaCl 溶液中干湿循环	1)砂浆试件是否开裂 2)用钢筋锈蚀评定仪评定锈蚀 3)试件砸开后观察钢筋锈蚀情况
2	砂浆材料组成：P.O42.5 水泥、海砂 灰砂比 1:3 水灰比 0.5 试件：40mm×40mm×160mm 内埋有钢筋	3% NaCl 溶液中干湿循环	1)砂浆试件是否开裂 2)用钢筋锈蚀评定仪评定锈蚀 3)试件砸开后观察钢筋锈蚀情况

续表

序号	砂浆材料组成及配比	试验条件	检测评估
3	砂浆材料组成:P.O42.5 水泥、海砂、吸附剂 灰砂比 1：3 水灰比 0.5 1♯吸附剂内掺 10% 试件:40mm×40mm×160mm 内埋有钢筋	3% NaCl 溶液中干湿循环	1)砂浆试件是否开裂 2)用钢筋锈蚀评定仪评定锈蚀 3)试件砸开后观察钢筋锈蚀情况
4	1　海砂砂浆	3% NaCl 溶液中干湿循环	用钢筋锈蚀评定仪评定锈蚀
	2　海砂＋3% NaCl		
	3　海砂＋3% NaCl＋10% 吸附剂		

3. 砂浆试件中钢筋的电位检测

试件中埋设 $\phi 4 \times 12cm$ 钢筋。埋设前用砂纸除锈,打光,并与测线连接,试件成型脱模后,标养 7d,在饱和 $Ca(OH)_2$ 溶液中浸泡一周,然后浸泡于 3% NaCl 溶液中,进行干湿循环,经 50 次的干湿循环后,测定钢筋电位如图 5-23 所示。

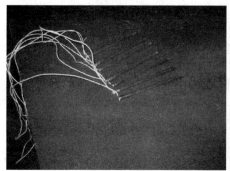

(a)　　　　　　　　　　　　　　(b)

(c)

图 5-23　检测海砂砂浆中钢筋锈蚀试验
(a)埋设在试件中的钢筋(除锈);(b)试件成型(钢筋埋在砂浆试件内部)
(c)测定钢筋电位

4. 试件中钢筋电位变化曲线

经过 6 个月左右，试件在 3‰NaCl 溶液中干湿试验，然后分别测定了三种试件中钢筋的电位，如图 5-24 所示。河砂和海砂试件中钢筋的自然电位随时间而下降，说明钢筋已发生锈蚀。而内掺 10‰氯离子吸附剂的 No.3 试件，测定了钢筋的自然电位 30min，自然电位不随时间而下降，说明其中钢筋没有被锈蚀。

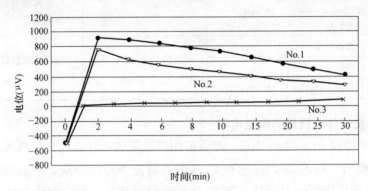

图 5-24　干湿循环后钢筋的电位与时间的关系曲线

No.1—河砂试件；No.2—海砂试件；No.3—海砂＋10‰吸附剂试件

为了进一步加速试件的 Cl⁻ 腐蚀，在试件中又掺入了 3‰NaCl 进行了试验，如表 5-9 中第 4 项所示。其中 4-1 为海砂砂浆试件；4-2 为海砂＋3‰NaCl 的砂浆；4-3 为海砂＋3‰NaCl＋吸附剂 10‰试件。试件浸泡于 3‰NaCl 溶液中约 4 个月，进行了干湿循环 4 次。测定砂浆试件中钢筋电位曲线如图 5-25 所示。

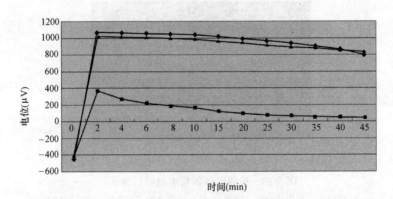

图 5-25　砂浆试件中钢筋的自然电位检测

　　由图 5-25 可见：海砂＋3％NaCl 的试件中，钢筋电位随时间而下降，说明钢筋已锈蚀。但海砂＋3％NaCl＋10％氯离子吸附剂试件及海砂砂浆试件中，钢筋电位随时间基本上不下降，打开试件观察，也没发现钢筋有锈蚀现象，说明钢筋未发生锈蚀。

5. 劈开试件检测验证

　　在自然电位检测后，为了进一步了解试件中钢筋锈蚀的情况，打开试件，直接观察钢筋，是否发生锈蚀，如图 5-26 所示。

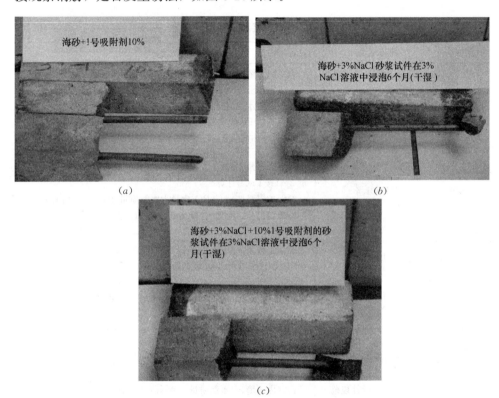

图 5-26　自然电位检测不同组成砂浆中钢筋锈蚀情况

（a）海砂＋氯离子吸附剂 10％的砂浆试件（钢筋未锈蚀）；（b）海砂＋3％NaCl 砂浆试件的干湿循环（钢筋已锈蚀）；（c）海砂＋3％NaCl＋10％吸附剂的砂浆试件（钢筋未锈蚀）

　　测定钢筋的自然电位-时间曲线和打开试件观测的结果一致，自然电位法能推定砂浆中钢筋腐蚀状况。

5.7　本章小结

　　本章讲述了在海盐环境下，氯离子对钢筋混凝土结构的电化学腐蚀的机理，及腐蚀的检测方法。钢筋混凝土结构中的氯离子，有原材料带进的氯离子及外部环境扩散渗透进入的氯离子。当混凝土结构中钢筋表面的氯离子浓度达到某一临界值时，氯离子使钢筋表面的钝化膜破坏，钢筋发生孔蚀。铁离子（Fe^{2+}）从钢筋表面溶出，发生阳极反应。铁离子残余的电子（$2e^-$）在阴极和 H_2O 及氧（$1/2O_2$）反应，得到 $2OH^-$ 再与铁离子（Fe^{2+}）反应，生成铁锈。由金属铁变成铁锈，体积增大，使混凝土开裂。混凝土结构中氯离子浓度的规定如表 5-10 所示。

混凝土结构中氯离子浓度的规定　　　　　　　　　　表 5-10

国名	标准名称	氯离子浓度的规定值
英国	BS811-85(Part1)	全氯离子浓度(按 $CaCl_2$ 计算)占水泥质量% 一般钢筋混凝土　　　　　　　　　　0.4 抗硫酸盐水泥混凝土　　　　　　　　0.2 高温养护 PC 构件　　　　　　　　　0.1 (化学外加剂掺量 2%时,Cl^- 含量占水泥质量 0.03%)
法国	DTU21.4	1)无筋砂浆,混凝土及保护层厚 4cm 的 RC,Cl^- 含量占水泥质量 2%(按 $CaCl_2$ 计算) 2)保护层厚 2cm 的 RC,含量占水泥质量 2%($CaCl_2$ 计算) 3)RC 拌合水中 Cl^- 含量为 0.25g/L(Cl^-)
德国	DIN	搅拌站预制混凝土(PC):PC 地面(DN4227)0.02%(Cl^-); RC(DIN1045)PC(DIN4227)0.04%(Cl^-)
美国	ACI301-72 ACI318-83	PC0.06%;RC（盐环境）0.15%；一般环境 0.3%；干燥环境 1.0%
日本	JASS-5—1991 JSCE—1991	1)一般 RC,PC:0.6kg/m^3 2)耐久性 RC,盐害及电蚀情况下 PC0.3kg/m^3
中国	混凝土结构设计规范	1)室内环境,占水泥质量 1.0%;2)室内潮湿环境,非寒冷露天环境,与无侵蚀水接触环境:占水泥质量 0.2%;3)使用除冰盐环境 0.1%;4)预应力构件:0.06%
	GB 50164—92	1)素混凝土 2.0%;2)干燥环境 1.0%;3)潮湿环境 0.3%;4)含 Cl^- 潮湿环境 0.1%;5)预应力构件 0.06%
	JTJ 275—2000	1)RC:0.1%;2)预应力构件:0.06%

按有关国家对混凝土结构中氯离子含量的规定值，如超过此限值，混凝土结构中的钢筋就发生腐蚀，这种腐蚀是电化学腐蚀。可用自然电位法检验钢筋的锈蚀情况金属的腐蚀的过程，是一种很明确的电化学反应的过程。自然电位法测定的是金属腐蚀状况的定性指标，根据自然电位法测定的结果，按表 5-11 ASTMC876电位测定的评价基准，可以估算出混凝土中钢筋锈蚀的情况。

ASTMC876 电位测定的评价基准　　　　**表 5-11**

电位测定值 $E(mV)$	评　价
$-200mV < E$	90%以上的概率是非腐蚀状态
$-350mV < E \leqslant -200mV$	腐蚀状态不确定
$E \leqslant -350mV$	90%以上的概率是腐蚀状态

第6章　电化学保护（防腐蚀）技术的特征

6.1　引言

　　所谓电化学保护（防腐蚀）技术，是对混凝土中的钢筋，通过临时阳极输入直流电流，防止钢筋腐蚀而造成混凝土结构物劣化的一种技术。既可以用于已有的钢筋混凝土结构，也可用于新建的钢筋混凝土结构，是一种能保证钢筋混凝土结构要求耐久性的新技术。对由于钢筋腐蚀，导致混凝土结构劣化的对策中，采用电化学保护技术时，需要对现有混凝土结构物，从调查、诊断开始，然后进行设计、施工使用过程中的维修管理。这整个过程，必须有相应的技术标准，才能正确地进行。本书介绍的内容，参考国外有关标准，加以引用和介绍，以补充国内在该方面的不足。

6.2　电化学保护（防腐蚀）技术的特征

1. 历史与发展

　　利用电化学反应，使结构物耐久性提高的技术，自古以来，在船舶及海水中钢结构物的防腐蚀对策中，就采用了电化学防腐蚀技术。对于混凝土结构物来说，电化学防腐蚀是一种比较新的技术。20 世纪 60 年代，在美国，由于混凝土结构中，钢筋的腐蚀出了问题，开始应用了电化学防腐蚀工法；20 世纪 70 年代，在北欧，脱盐工法和再碱化工法得到了应用；20 世纪 80 年代，日本开发了电化学植绒工法，并用于修补混凝土结构的裂缝等。电化学防腐蚀技术一个一个地开发起来了，该方面的技术也就更加完善了。

　　不管是哪一种电化学防腐蚀工法，都是在结构物表面上新设置一个阳极，从阳极将直流电输入混凝土中的钢筋，由于电化学反应，抑制结构中钢筋劣化的一种工法。本来，混凝土中的钢筋在水泥水化物高碱的环境条件下，在表面形成一层不动态被膜（也叫钝化膜），使钢筋受到保护而不被腐蚀。但是，由于氯离子的侵入、混凝土的中性化，以及混凝土的裂缝等原因，使混凝土中钢筋表面的不动态被膜受到破坏，钢筋就会发生腐蚀了。钢筋的腐蚀是一种电化学反应。因此，可采用电化学防腐蚀对钢筋进行保护，将电化学防腐蚀工法用于混凝土结构是很有效的。电化学防腐蚀工法的适宜设计、施工及其后的维护管理，确实能使混凝土结构物耐久性得到提高。

　　在工程维修和管理项目中，由于盐害和中性化而发生钢材腐蚀的时候，采用电化学保护技术进行修补和加固，预计可获得以下效果：（1）降低钢材腐蚀扩散渗透；（2）除去钢材的腐蚀因子；（3）抑制钢材腐蚀的进行；（4）提高结构的承载能力等等。而电化学防腐蚀工法的应用，至少可取得（1）～（3）方面的效果。

2. 在混凝土结构中的应用

　　电化学保护（防腐蚀）技术，现在还是积极继续开发中的一种新技术。至今为止，在混凝土结构中应用电化学防腐蚀技术的范畴有：（1）电化学防腐蚀工法；（2）脱盐工法；（3）再碱化工法；（4）电化学植绒工法四方面，均得到了应用。作为一种辅助工法，能有效地提高混凝土结构的耐久性。电化学防腐蚀工法的特征如表 6-1 所示。

电化学防腐蚀技术的特征　　　　　　　　　　　　　　表 6-1

	电化学防腐蚀工法	脱盐工法	再碱化工法	电植绒工法
通电期间	防腐蚀期间	约 8 周	约 1～2 周	约 6 个月
电流密度	$0.001～0.03A/m^2$	$1A/m^2$	$1A/m^2$	$0.5～1A/m^2$
通电电压	$1～5V$	$5～50V$	$5～50V$	$10～30V$
电解液		$Ca(OH)_2$	Na_2CO_3 溶液	海水
效果确认法	测定电位或其变化	测定混凝土中 Cl^- 含量	测定碳化深度	测定透水系数
效果确认频度	数次/年	通电完后	通电完后	通电完后

3. 选择的流程

　　如何选择电化学防腐蚀工法，可参考图 6-1。从图 6-1 可见，盐害及中性化，

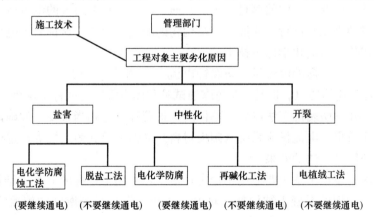

图 6-1　电化学防腐蚀工法选择的流程

均可采用电化学防腐蚀工法。如混凝土结构中盐含量太高,还可配合使用脱盐工法,脱除混凝土中的氯离子含量。由于中性化作用,混凝土中的碱含量太低,还可采用再碱化工法,提高混凝土结构中碱含量。而电化学植绒工法主要用于裂缝修补。

4. 目的与预期效果

选择电化学防腐蚀工法的时候,要考虑到混凝土结构物腐蚀劣化机理,所选择的电化学防腐蚀工法的目的及预期的效果。选择的工法要满足混凝土结构物所要求的性能。此外,还要考虑到施工造价及能否连续通电,修补后有否氯离子的再渗透及再中性化等问题。电化学防腐蚀工法防腐蚀对策的目的及预期效果如表6-2所示。

电化学防腐蚀工法对策的目的及效果　　　　　　表 6-2

工法的名称	防腐蚀对策	预期效果
电化学防腐蚀	抑制腐蚀反应	抑制腐蚀电池
脱盐工法	改善钢材防腐蚀环境	降低氯离子浓度
再碱化工法	改善钢材防腐蚀环境	恢复碱性
电植绒工法	降低腐蚀因子的渗透	封堵裂缝和致密化

6.3　电化学保护技术的施工方法

电化学保护技术的工法是在混凝土表面或表面附近,安放阳极材料,从该阳极材料连续地向混凝土中的钢材(阴极)通入电流,只要通入的电流适当,就能抑制钢材腐蚀劣化的进行。使混凝土结构物的耐久性提高,这称之为电化学防腐蚀工法,或称之为电化学保护技术。

钢材防腐蚀必需的电流量(防腐蚀电流),一般情况下是 $0.001\sim0.03A/m^2$ 左右,而且要连续通电。但是,在防腐蚀试验和停电等短时间停电除外。

选用电化学防腐蚀工法以后,整体的维护管理也是相当重要。如确认防腐蚀电流和防腐效果,电流供应系统(阳极材料)的性能及其耐久性等,这样才能保证电化学防腐蚀工法的效果。

电化学防腐蚀工法主要适用于盐害环境下,可用于现存的混凝土结构物,也可用于新建的钢筋混凝土结构物,对由于中性化钢材受到腐蚀的混凝土结构也适用。

电化学防腐蚀工法大体上可分为从外部电源强制通入防腐蚀电流的方式,以及通过内部钢材和阳极材料(例如锌金属等)的电池作用,产生电流的牺牲阳极方式。此外，根据阳极的形状，有面状阳极方式、线状阳极方式及点状阳极方式。

6.4　外部电源强制通入防腐蚀电流的方式

外部电源方式是在混凝土结构的表面或近旁，设置阳极，与外部直流电源相接，而外部电源也直接与混凝土结构中的钢筋相接，通过外部电源强制通入直流电，使钢筋得到防腐蚀。其工作原理如图 6-2 所示，而外加阳极的材料及构造，如图 6-3 所示。金属网状阳极及钛金属喷涂阳极如图 6-4、图 6-5 所示。

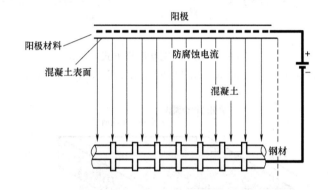

图 6-2　外部电流方式的电化学保护技术

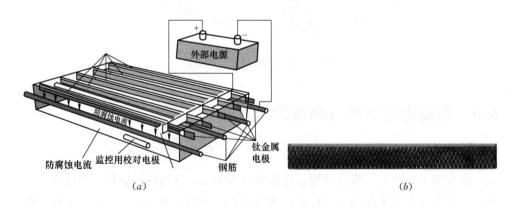

图 6-3　钛金属带状网阳极方式

（a）带状网阳极方式；（b）带状网电极

以上由图 6-3～图 6-5 是电化学保护工法中，通过安装临阳极，通入外部电流方式，保护混凝土中的钢筋。使结构耐久性提高的一种新技术。

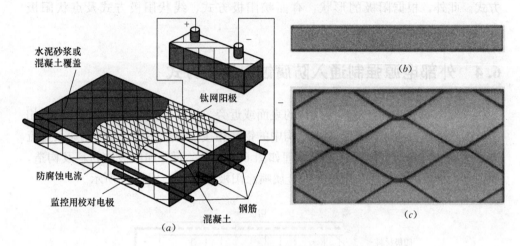

图 6-4　钛金属网状阳极方式

（*a*）钛金属网状阳极方式；（*b*）阳极与电源连接专用带；（*c*）钛金属网阳极

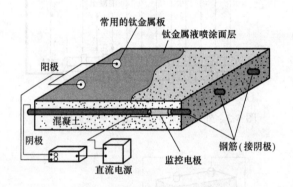

图 6-5　钛金属液喷涂阳极方式

6.5　内部电流方式（牺牲阳极方式）

1. 工作原理概要

在混凝土表面上，安放锌板、锌合金板为阳极，并与钢筋和导线相连接。因锌板、锌合金板离子化倾向比较大，使内部产生电流，电压为 100mA 左右。电流流向钢筋，钢筋得到电子（e^-），降低了腐蚀电流，防止锈蚀。概略图如图6-6所示。

2. 牺牲阳极方式的电化学保护技术特点

把锌合金板设置于混凝土表面，作为阳极，从阳极供应钢筋的防腐蚀电流的方式。其特点不需要施加外部电流，如图 6-7 所示。把锌合金板设置于混凝土表

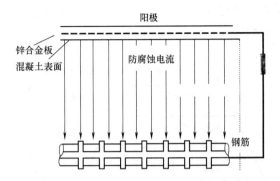

图 6-6　内部电流方式（牺牲阳极方式）概略图

面，作为阳极，混凝土中的钢筋为阴极，从阳极供应钢筋的防腐蚀电流的方式。其特点不需要施加外部电流。因为锌合金板的电极电位较负（较活泼），作为腐蚀电池的阳极。这样，锌合金板与被保护的钢筋组成腐蚀大电池。锌合金板要比保护的钢筋的电位较负。电子从阳极流向阴极，发生阴极极化，从而使混凝土中的钢筋得到保护。这种保护是用阳极的腐蚀溶解来达到保护阴极的钢筋，称为牺牲阳极的阴极保护法。其特征是不需要电源设备。

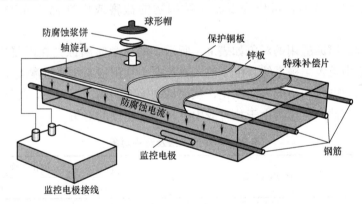

图 6-7　牺牲阳极方式的实际应用

6.6　预期的效果与认证

电化学防腐蚀工法的防腐蚀对象是混凝土中的钢筋，通过使钢筋的电位向负的方向变化，电化学的方法抑制腐蚀反应，也就能抑制由于钢材腐蚀的劣化进行。为了得到防腐蚀工法预期的效果，在防腐蚀期间必须要通过适当的防腐蚀电流。为了通过适当的防腐蚀电流，必须要：①根据适当的防腐蚀标准，调整选择的电流量；②预测和选定阳极材料的使用寿命；③电化学防腐蚀设备的保管检查和更新，经电化学防腐蚀过程中，要进行适当管理。通过电化学防腐蚀工法能获得预期的效果及认证的构成，如图 6-8 所示。

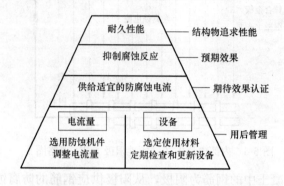

图 6-8 电化学防腐蚀预期的效果及认证

6.7 电化学保护技术（防腐蚀）的应用

电化学保护技术，可作为混凝土结构物的盐害或中性化造成钢材腐蚀的对策。

电化学防腐蚀适用的对象如表 6-3 所示。电化学防腐蚀是在混凝土的表面，或在混凝土中设置阳极系统，由于输入直流电，从阳极系统经过混凝土，流向钢筋，使钢筋的电位向负的方向变化，从而抑制钢筋的腐蚀。因此，将适当的防腐蚀电流通入钢筋，可作为由于盐害或中性化钢筋腐蚀的对策。

电化学防腐蚀工法及适用对象 表 6-3

适 用 对 象			劣化机理	
			盐害	中性化
环境	陆上部位，内陆部位		○	○
	海洋环境	大气中	○	○
		浪溅区	○	○
		潮汐区	▽	▽
		海中部位	▽	—
结构构件	RC		○	○
	PC		○	○
已有结构物	劣化过程	潜伏期	○	○
		进展期	○	○
		加速期	○	○
		劣化期	▽	▽
新建结构物（预防）			○	○

注：表中的○为适用对象，▽为可否适用要研究，—为不适用。

电化学防腐蚀工法，几乎均适宜用于混凝土结构。

6.8　电化学植绒工法

电化学植绒工法是在混凝土上表面的碱溶液中，设置阳极，进行通电，在混凝土表面上析出无机物质的电化学植绒物，填补裂缝和使混凝土表面致密，达到提高混凝土结构耐久性的一种新工法，如图 6-9 所示。

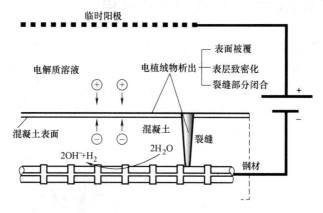

图 6-9　电化学植绒工法系统概念图

如图 6-9 所示临时阳极安放在海水、地下水等电解质溶液中，离开混凝土表面一定距离，混凝土中的钢材（钢筋）作为阴极，通过直流电流，水中的电解质离子沉淀于混凝土表面上，靠近阴极的混凝土裂缝处电解质离子作为电化学植绒物析出，而且在混凝土表面都覆盖一层无机系的电植绒物，使混凝土致密化。

进行电化学植绒工法的电流量，在海水中，通常为 $0.5A/m^2$，通电 6 个月。此外，如在淡水中，或潮汐区，电解质植绒物析出的速度较慢，通电的时间要长一些。与脱盐工法、再碱化工法一样，完成电植绒后，撤去阳极材料。

电化学植绒工法对新建混凝土结构和已有的混凝土结构均适用，都可以用来修补结构发生的裂缝。

第7章 在盐害环境下混凝土
结构的电化学保护技术

7.1 盐害对混凝土结构物的劣化过程

沿海岸的钢筋混凝土结构，氯离子对混凝土结构的扩散渗透如图 7-1，混凝土结构断面不同部位的氯化物含量如图 7-2 所示。由图 7-1，以海岸线零距离氯离子的浓度为 1，当距离为 1.0km 以上时，由海洋的海流盐粒子进入混凝土结构氯离子的浓度基本不变，也即离海岸 1km 以上的混凝土结构，海盐的影响较低。

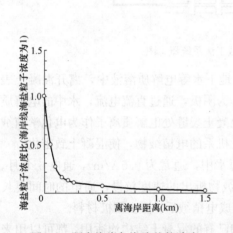

图 7-1 距离海岸与海流盐粒浓度

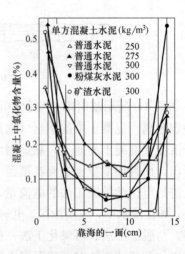

图 7-2 混凝土中氯化物含量

由图 7-2，当朝向海洋的混凝土，离表面 4cm 以后，矿渣水泥 300kg/m³ 的混凝土，由于氯离子扩散渗透换算成氯化钠的含量基本不变；而普通水泥 300 kg/ m³ 及粉煤灰水泥 300 kg/ m³ 的混凝土抗氯离子扩散渗透的效果均稍差。由于氯离子扩散渗透对钢筋混凝土结构物的劣化过程及劣化过程的划分，如表 7-1 及图7-3所示。

图 7-3 中，钢筋表层没有钝化膜层时，虚线为混凝土构件性能降低曲线。实线为有钝化膜保护及混凝土保护层的构件劣化曲线。在潜伏期，混凝土结构从外观上看，没什么变化；到了进展期，混凝土保护层部分开始劣化；到了加速期，

钢筋混凝土结构物的劣化过程的划分　　　　　　　表 7-1

等级	劣化过程	定　义	变化状况
Ⅰ-1	潜伏期	在钢筋保护层处氯离子浓度达到发生腐蚀极限浓度为止	外观看不出变化
Ⅰ-2			能看出保护层变化
Ⅱ	进展期	从钢筋发生腐蚀到发生腐蚀开裂为止	混凝土变化劣化因子在钢筋处未达到腐蚀程度
Ⅲ-1	加速期	由于发生腐蚀开裂，腐蚀速度加快的期间	混凝土发生明显变化，劣化因子也使钢材发生变化
Ⅲ-2			混凝土断面缺损大，钢材腐蚀量大
Ⅳ	劣化期	腐蚀量增加承载力明显下降	劣化显著、变位、挠度增大

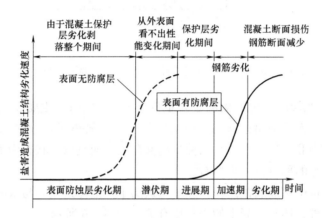

图 7-3　钢筋混凝土结构物劣化过程的划分

保护层劣化加速，钢筋开始劣化；而到了劣化期，混凝土断面缺损，钢筋断面减少，结构变形增大。钢筋腐蚀等级与评价基准如表 7-2 所示。如把混凝土中钢筋腐蚀等级与结构构件劣化过程各时期对应起来，可以看出：等级Ⅱ时，相当于潜伏期，钢筋无腐蚀，氯化物含量很低，或没有。等级Ⅲ时，相当于进展期，在钢筋表面出现了一些锈斑点，钢筋开始劣化。等级Ⅳ时，相当于加速期，钢筋上表面产生许多薄锈层，混凝土上也粘上了薄锈层。等Ⅴ级时，相当于劣化期，钢筋整体发生明显的膨胀性锈蚀，并发生了断面缺损状态。

钢筋腐蚀等级与评价基准（日本）　　　　　　　表 7-2

等级	评价基准
Ⅰ	无腐蚀，钝化膜黑皮状态
Ⅱ	在表面出现了一些锈斑点
Ⅲ	钢筋正面产生许多薄锈层，混凝土上也粘上了薄锈层
Ⅳ	钢筋锈蚀层发生一定膨胀，但混凝土断面缺损仍比较少
Ⅴ	钢筋整体发生明显的膨胀性锈蚀，并发生了断面缺损状态

在混凝土结构中，钢筋的四种腐蚀状况，相应的氯化物含量如图 7-4 所示。

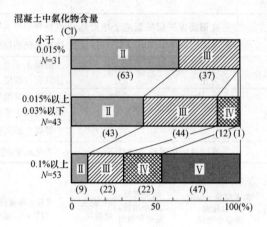

图 7-4　混凝土结构中钢筋腐蚀状况与相应的氯化物含量

由图 7-4，当混凝土中的氯离子含量低于 0.015％时，主要腐蚀等级为Ⅱ及Ⅲ，以Ⅱ为主；无其他腐蚀状态；但当混凝土中的氯离子含量在 0.1％以上时，则混凝土结构中Ⅱ、Ⅲ、Ⅳ、Ⅴ四种状况都存在，而且以Ⅴ状态为主。也即结构劣化，外观变形的部分占一半左右。

混凝土结构中钢筋腐蚀面积，除了与氯离子扩散渗透量，与水泥品种，掺合料的品种有关外，还与混凝土的水灰比有关。如图 7-5 所示。

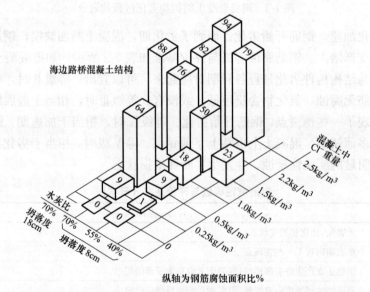

图 7-5　道桥混凝土结构中 Cl⁻含量、水灰比与钢筋锈蚀关系

当 Cl⁻ 含量 0.25kg/m³、水灰比 70%时，锈蚀面积为 9%；而水灰比 55%时锈蚀面积只有 1%。当 Cl⁻ 含量 0.5kg/m³，水灰比 70%时锈蚀面积为 64%；而水灰比 55%时锈蚀面积只有 9%。当 Cl⁻ 含量为 1.5kg/m³、水灰比 70%时，锈蚀面积为 76%；而水灰比 55%时锈蚀面积只有 50%。由此可见，混凝土结构中，相同的 Cl⁻ 含量下，水灰比低，钢筋锈蚀面积小。低水灰比的混凝土，对结构的耐久性好。

7.2　盐害环境下混凝土结构电化学保护技术

电化学防腐蚀（保护）技术是在结构物表面，或在结构物外部，安装阳极，通过阳极向混凝土结构中的钢筋输入电流，利用电化学反应，抑制由于钢筋的腐蚀而发生的劣化。其目的是使混凝土结构物的耐久性提高。但是，在选用电化学保护技术的时候，必须根据结构劣化的状态，所处的环境，采用相应的工法。海洋环境下混凝土结构不同部位如图 7-6 所示。电化学保护技术及适用对象如表 7-3所示。

电化学防腐蚀工法及适用对象　　　　　　　　　　　　表 7-3

适　用　对　象			劣化机理	
			盐害	中性化
环境	陆上部位，内陆部位		○	○
	海洋环境	大气中	○	○
		浪溅区	○	○
		潮汐区	▽	▽
		海中部位	▽	—
结构构件	RC		○	○
	PC		○	○

注：表中的○为适用对象，▽为可否适用要研究，一为不适用。

电化学防腐蚀工法，几乎都适用于混凝土结构。

在盐害环境中的混凝土结构，从新建时期开始就可以采用电化学保护技术，以达到：（1）能确保结构物的耐久性，降低生命周期价格；（2）增加保护层厚度、降低水灰比等设计，在施工阶段不需要盐害的对策；（3）以微弱的电流均匀地防止钢材的腐蚀。上述优点，在预防保护结构方面是很有效的。例如，在日本，沿海岸线建设的钢筋混凝土桁架桥，为了预测海水及海盐粒子的盐害，在桁架制作时及架设以后，就安装了电化学保护技术对设备进行保护，是很适用的。此外，以中近东为中心的周边地区，土壤中盐分含量很大，在高气温作用的环境下，盐害是避免不了的。

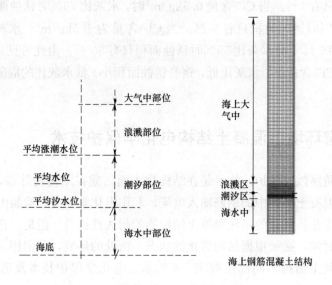

图 7-6　海洋环境下混凝土结构不同部位

7.3　内部电流（小型牺牲阳极）电化学保护技术

为了预防盐害对钢筋混凝土结构中的钢筋腐蚀，在制造钢筋混凝土构件时，就预先埋设阳极。该阳极金属的电位比结构中的钢材（钢筋）的电位更负，钢筋与阳极金属之间产生电位差，电流由阳极流向钢筋，使钢筋免于腐蚀，而阳极材料会逐渐消耗掉。这叫牺牲小型阳极的电化学保护方法，如图 7-7 所示。

牺牲阳极电化学保护技术牺牲阳极电化学保护技术可用来预防混凝土结构中的钢筋腐蚀，或控制钢筋的腐蚀。某滨海钢筋混凝土结构，运行了 20 年后，进行修复。后来又发现结构中的钢筋受到了腐蚀，就在混凝土结构中安放了小型阳极，控制钢筋的腐蚀。每平方米结构面积安放了 3 个小型阳极，就能控制了钢筋的腐蚀。如图 7-7 所示，有小型牺牲阳极保护的钢筋完好，无小型牺牲阳极的钢筋锈蚀，而且其造价仅为过去电化学防腐蚀的 1/5～1/10 左右，管理也简单方便了。

1. 特点

不须要外部电源等设备，直接和钢筋相连接，就可以防止钢筋的腐蚀（再劣化）。由于厚度只是 13mm，安装操作容易。混凝土结构物保护层厚度不均匀，较薄的部位也可以安装。新建结构物或修补工程及各种混凝土结构的长寿命均可安装使用。

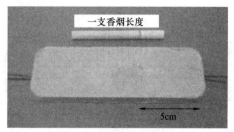

小型牺牲阳极尺度大小

(a)

(b)   (c)

图 7-7 小型牺牲阳极的保护效果

(a) 小型牺牲阳极的尺度大小；(b) 无小型牺牲阳极的钢筋锈蚀；(c) 有小型牺牲阳极的钢筋完好

2. 腐蚀速度的计算与检测

把握腐蚀电流的大小，计算腐蚀速度（钢筋在单位时间内的失重）。

$$腐蚀电流＝微电池电流＋宏观电池电流$$

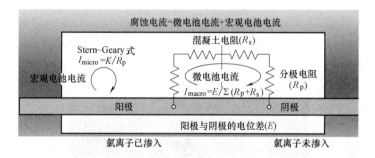

图 7-8 由于氯离子含量不同等价电路模型

腐蚀速度的计算＝a. 利用等价电路模型

b. 利用分极极化电阻

右边：砂浆试件中开了一个槽，促进 Cl^-＝3mass％进入；

下面为腐蚀速度的计算实例：

按图 7-9～图 7-14 将钢筋分割后的砂浆试件进行计算。

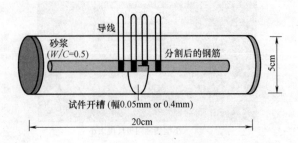

图 7-9　砂浆试件（计算模型）

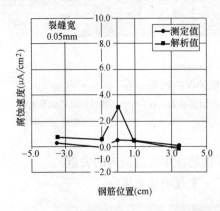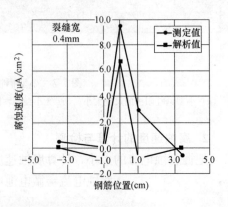

图 7-10　不同裂缝宽度的腐蚀速度计算

图 7-11　腐蚀速度预测与监控位置（图中圈）

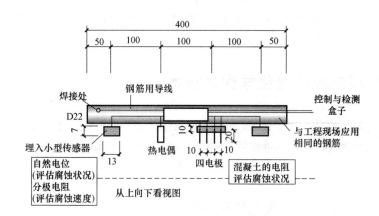

图 7-12　钢筋的自然电位，分极极化电阻及混凝土电阻测定

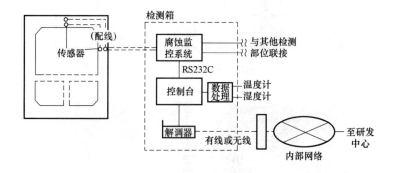

图 7-13　电化学保护的检测与监控系统（遥控系统）

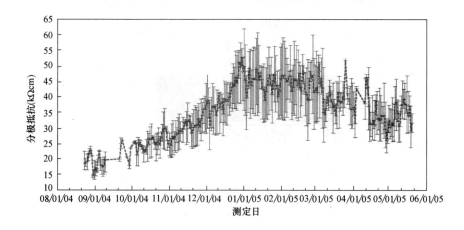

图 7-14　分极极化电阻记录

在混凝土结构中安放了小型阳极，控制钢筋的腐蚀，每平方米结构面积安放了3个小型阳极，就能控制了钢筋的腐蚀。其造价仅为过去电化学防腐蚀的1/5～1/10左右，管理也简单方便了。

7.4　外部电源的电化学保护技术

外部电源的电化学保护技术，可用于已有结构的维修监控，也可用于新建结构预防钢材的腐蚀劣化，以下为维修管理的电化学防腐蚀技术实例（图7-15～图7-17）。

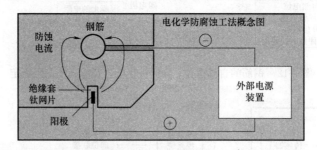

图7-15　外部电源装置的电化学保护概念图

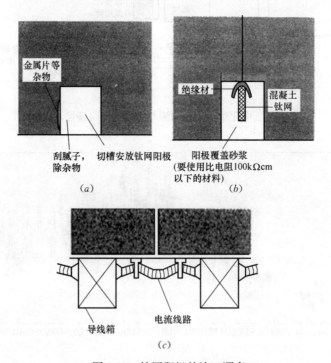

图7-16　钛网阳极的施工顺序

（a）切槽及清除杂物；（b）安放钛网阳极及覆盖砂浆；（c）钛网阳极安装完成

(a)　　　　　　　　　　　　　　　　　　*(a)*

图 7-17　外电源装置的钛网阳极用于混凝土墙体及顶棚维修
(a) 混凝土墙体维修；(b) 混凝土顶板维修

　　通过电化学保护技术处理后，安装外部直流电源装置，需要检验其能不能防止电化学腐蚀。

　　当系统通电后，测定电化学防腐蚀电位 E_{if}，及钢筋的自然电位 E_{corr}；如果 $E_{corr} - E_{if} \geqslant 100\text{mV}$，说明该系统符合电化学防腐蚀基准，能够对混凝土中的钢筋进行电化学保护。

第8章　混凝土结构的中性化与检测

混凝土结构的中性化，是混凝土中碱性降低的现象，而混凝土的碳化，是混凝土中的水化物与二氧化碳反应，分解成碳酸化合物与其他物质的现象。但碳化也是中性化之一。

混凝土中性化后，碱性降低，当混凝土的 pH 值低于 10 时，逐渐失去对钢筋的碱性保护，钢筋发生腐蚀，由铁变成铁锈，体积膨胀 2.5 倍。因此，钢筋锈蚀的同时，混凝土保护层开裂，结构受到损伤，耐久性能下降。

8.1　中性化使混凝土结构物劣化破坏实例

1. 钢筋混凝土住宅基础强度大幅度降低的恐慌

1988 年，日本东京大学的小林一辅教授，调查了琦玉县在 1970 年左右建成的住宅楼，发现基础混凝土强度大幅度降低，而且中性化深度已超过了 2.0cm，即超过了保护层厚度。从基础表面向内部 1～2.5cm 处的混凝土完全变白了。

通过取样分析，主要是由于混凝土中的 C-S-H 凝胶和空气中的 CO_2 反应，分解成了 $CaCO_3$ 和 SiO_2，变成了无胶凝性的材料。

2. 混凝土办公楼墙面的中性化劣化破坏

日本大学生产工学部原 10 号馆，是 1968 年建成的钢筋混凝土结构，1993 年对其墙面进行中性化调查，采用钻孔取样分析方法或振动钻孔取粉末分析法，测定墙面的中性化深度达到了 2～4cm。发生了钢筋锈蚀，混凝土剥落，外墙的钢筋保护层已剥落。故 2001 年，该结构物已拆倒重建。

3. 中性化与氯离子的双重作用，加速了结构的劣化破坏

中性化与氯离子的双重作用使混凝土结构劣化破坏如图 8-1 所示。中性化是混凝土结构最常见的劣化外力，据调查，我国华南地区的 18 座海港码头中，因中性化而引起破坏的占 89%。湛江 2.5 万吨级油码头，建成 7 年后，就发生了中性化和盐害综合劣化破坏。沧州地区沿海 20 世纪 60 年代建成的 10 座中小型桥梁中，也因盐害和中性化双重作用而发生严重的损伤破坏。我们曾经调查过山东潍坊周边的钢筋混凝土桥梁，发现这些桥梁的钢筋保护层厚度只有 15～20mm，约有 10% 的保护层厚度小于 15mm。当时对部分桥梁进行中性化深度检测，中性化深度已达 8～15mm。也就是说，这些桥梁使用 10 年左右，局部中性化深度超过了保护层厚度，引起钢筋锈蚀破坏。

(a)　　　　　　　　　　　　　　　(b)

图 8-1　中性化与氯离子双重作用

(a) 海边混凝土结构；(b) 海盐田旁边的桥梁

8.2　混凝土中性化的过程和内部钢筋锈蚀的关系

混凝土结构中的钢筋，由于混凝土孔隙液中的 $Ca(OH)_2$ 而处于强碱性保护下，在通常的大气条件下是不容易受到腐蚀的，显示出钢筋混凝土结构具有充分的耐久性。但是，当大气中的 CO_2 和酸性物质和混凝土中的 $Ca(OH)_2$ 发生中性化反应时，同时也引起 C-S-H 凝胶的分解，中性化反应到达内部钢筋表面时，钢筋的钝化膜受到破坏，发生微电池腐蚀。在钢筋受腐蚀过程中，产生铁锈，体积膨胀，产生膨胀压力，混凝土发生开裂与剥落，结构日常使用的安全性受到损害。说明达到了结构的物理寿命。混凝土开裂，钢筋锈蚀与结构承载力下降的相互关系如图 8-2 所示。

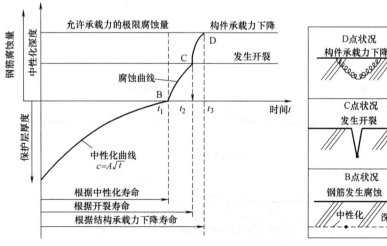

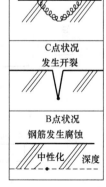

图 8-2　混凝土结构中性化寿命预测及使用年数

从图 8-2 可见，当混凝土结构中性化深度达到钢筋表面时，钢筋发生锈蚀，如图中 B 点状态。由于腐蚀，铁变成铁锈，体积增大，混凝土保护层开裂，如图中 C 点。中性化继续进行，整个钢筋都被中性化的混凝土包围时，锈蚀扩大和发展裂缝增大，构件的承载力下降，如 D 点所示，说明结构达到承载力下降的寿命。

8.3　中性化进行概要及其检测

混凝土中性化进行状态如图 8-3 所示，大气中的 CO_2 从混凝土表面向内部扩散，与混凝土中的 $Ca(OH)_2$ 相遇时，发生碳化反应，生成 $CaCO_3$ 和 H_2O。这时，由于混凝土内部 $Ca(OH)_2$ 的浓度高于表层，故 $Ca(OH)_2$ 由内部向外部扩散，使靠近表层混凝土完全中性化以后，中性化逐渐向内部扩展。这样，由表向里，形成完全中性化、中性化进行中及中性化不进行的三部分，相应的 pH 值也由低到高。

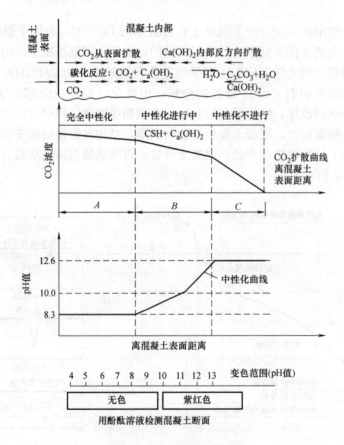

图 8-3　混凝土中性化进行概要

　　室内混凝土中性化速度比室外快，因室内的二氧化碳浓度比室外高。室内混凝土中的钢筋到达 I 级腐蚀状态时，pH＝8.3。室外混凝土的碳化速度较慢，到达 I 级腐蚀状态时间较长。但内部钢筋达到 I～II 级腐蚀状态时，中性化深度离混凝土表面的距离与室内的相同，均为碳化曲线与 pH 为 8.3 的相交处。如图8-4所示，由于混凝土中性化，如果中性化深度已达到了钢筋的位置，则钢筋的钝化膜因失去了碱性保护而损伤破坏，产生锈蚀。钢筋的锈蚀状态可参考表 8-1进行评估。等级为"I 级"（评估等级为 0 级）时，钢筋处于完好状态，但如发展到"IV级"（评估等级为 6 级）时，钢筋的腐蚀已发生断面缺损。

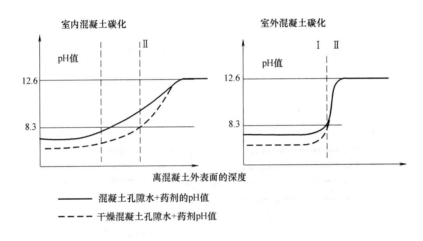

图 8-4　混凝土室内外碳化比较

钢筋锈蚀等级与评估　　　　　　　　　　　表 8-1

等级	评估等级	钢筋劣化状态
I □	0	黑皮状态,未见锈斑及浮锈,完好状态
II ▨	1	部分浮锈,小部分锈斑
III ▨	3	钢筋全长均有浮锈,但未见断面损伤
IV ■	6	钢筋腐蚀,发生断面损伤

　　通过用酚酞试液检测，确定中性化深度之后，在此周边取样，进行热重分析和差热分析，结果如图8-5所示。由图 8-5（a）TG 热重分析曲线，主要是碳酸钙分解；从图 8-5（b）DTA 曲线（差热分析曲线）上，500℃左右，$Ca(OH)_2$分解

为 CaO 和 H_2O；600℃左右时，为 $CaCO_3$ 分解，有吸热反应。从热分析及打开柱子保护层分析的结果是一致的，混凝土由于中性化带来破坏的情况可参阅图 8-6。

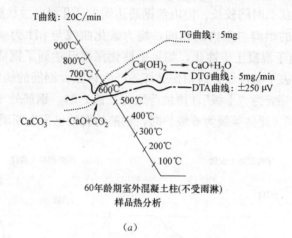

60年龄期室外混凝土柱(不受雨淋)
样品热分析

(a)

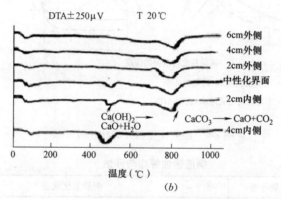

(b)

图 8-5　经过 60 年使用的混凝土结构样品的 TG 与 DTA 曲线

(a) 不受雨淋的室外柱的混凝土 T 曲线与 TG 曲线；(b) 不受雨淋的室外柱的混凝土 DTA 曲线

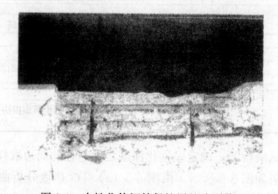

图 8-6　中性化使钢筋保护层整片剥落

8.4　混凝土中性化的决定因素

混凝土中性化的决定因素可参阅图 8-7。可见，根据混凝土结构的龄期，混凝土生产时的水胶比，水泥品种及结构所处的环境条件，可以确定混凝土中性化的深度，如图中所示的实例。结构龄期为 20 年，混凝土的水胶比为 0.50，采用普通硅酸盐水泥。结构的工作条件为室外，无雨水影响，可查出碳化深度为 12mm。由此可见，通过组成材料的优化，可提高混凝土抗中性化的劣化能力。

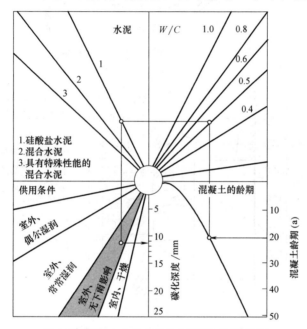

图 8-7　混凝土中性化的决定因素（MEYER）

8.5　混凝土中性化深度检测

本节仅介绍日本大学汤浅深教授提供的钻孔取样（粉），用酚酞酒精溶液滴定不同深度的混凝土粉末，观察是否变红，以确定混凝土是否中性化的方法，如图 8-8 所示。

采用钻孔取样分析方法或振动钻孔取粉末分析法，测定墙面的中性化深度。绘制了墙面混凝土中性化等深度曲线如图 8-9 所示。检测出不同深度的中性化，可绘出等中性化深度曲线，用来分析墙面中性化的情况。

由中性化深度曲线及钢筋混凝土保护层厚度，可以判断混凝土中钢筋腐蚀情况，必要时，还可以打开保护层观察钢筋腐蚀情况，然后再采取相应对策，如采用混凝土再碱化工法，使碱性恢复，延长结构的使用寿命。

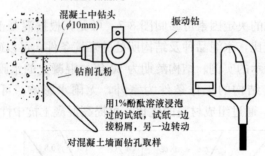

图 8-8　混凝土墙面中性化深度的检测

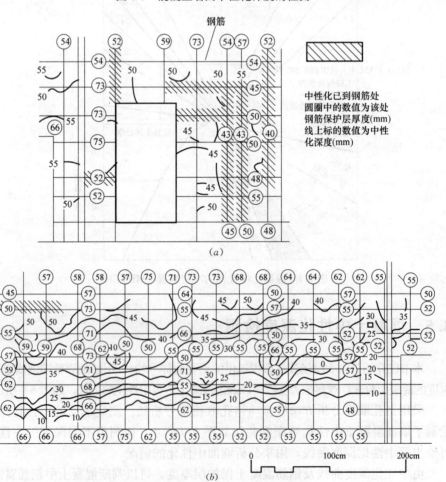

(a)

(b)

图 8-9　混凝土等中性化深度曲线

(a) 振动钻孔取粉末分析法测定混凝土墙中性化深度；(b) 等中性化深度曲线

第9章　电化学防腐蚀工法设计前的调查

为了做好电化学防腐蚀工法设计，必须要了解该混凝土结构物的状况及对结构物所要求的性能，该结构物对电化学防腐蚀工法要求的特点，防腐蚀效果的认证方法，施工后维护管理的方法，以及施工条件等。这些在电化学防腐蚀工法设计前，都是必须要考虑的。在进行电化学防腐蚀工法设计的时候，必须有相应的技术标准作为依据。

电化学防腐蚀设备安装和运行以后，必须要进行适当的维护管理，记录和保存设计的结果。

9.1　进行设计时需要的调查

为了满足电化学防腐蚀工法设计的要求，需要掌握施工对象方面的情况，要根据已有设计资料及现场调查资料进行设计。从以下项目中选择所需调查内容：(1) 设计图纸，说明书及相关记录。(2) 工程现场调查：外观，混凝土，混凝土中的钢材，钢材之间的电化学导通等。

1. 关于设计图纸，说明书及相关记录

需要调查以下有代表性资料：(1) 设计图及说明书，包括结构图、照片、钢材配制图、混凝土配合比等；(2) 其他方面完成的图书资料；(3) 维护管理的计划书；(4) 维护管理的记录：定期检查记录，照相汇集，检修计划书，修补记录。从这些文件中选择出对相应电化学防护技术有关的文件，从中查找设计相应的资料。以下进一步说明针对各工法的主要调查项目。

1) 工程所处环境（内陆，海洋；陆地气候，海洋气候）

工程所处环境对于设计、施工及维护管理都是很重要的。特别是防腐蚀工法，阳极系统的设计及进行维护管理，必须要考虑到耐久性。此外，"脱盐工法"及"再碱化工法"，要掌握施工后氯离子及二氧化碳渗透扩散方面的情况，而"电化学植绒工法"在临时阳极的设计、施工中，把握海洋气象是很重要的。

2) 结构形式（结构物的类型）

在进行阳极系统配置、配线、配管的设计时，必须要了解结构形式。

3) 结构物使用的状况（荷重，交通量及振动）

结构物使用的状况，对进行设计、施工及维护管理方面是很重要的。特别是对受到激烈振动的构件，安装阳极系统的时候，必须要充分考虑到这一方面。此外，维修后的管理，预测结构裂缝的状态也很重要。

4）结构所处的环境

在海洋工程中的结构，要进行电化学保护的部分，是处于大气中、浪溅区、潮汐区，还是在海水中？结构所处的环境，对于设计、施工及维护管理方面都是很重要的。特别是，阳极系统及防腐蚀电路等的设计，电流密度的设定及维护管理方面，水分及盐分的影响，也十分重要。

5）维护管理的划分

这要分成两方面：A. 预防的维护管理；B. 事后维护管理。进一步明确维护管理的划分，在进行电化学防腐蚀工法设计及对结构物进行维护管理，是很必要的。

6）剩余的供用年限

剩余的供用年限，在电化学防腐蚀工法设计及对结构物进行维护管理上，必须要明确。

7）劣化机理（盐害，中性化，开裂，其他）

电化学防腐蚀工法对盐害和中性化是有效的，有必要明确其劣化机理。

8）劣化的进行过程（潜伏期，进展期，劣化期）

劣化的进行过程不同，在防腐蚀电流密度的设定方面也不同；由于钢材表面锈蚀量不同，防腐蚀电流密度也不同。因此把握劣化的进行过程很重要。此外，修补和补强工法等其他工法同时并用时，也需要研究其劣化的进行过程。

9）钢材的种类（钢筋，PC 钢材，环氧树脂钢筋及其他钢筋）

钢材的种类对于工法的设计和维护管理方面是很重要的。特别是 PC 钢材，由于通电会发生氢脆。为了不发生氢脆，在设计和维护管理方面都需要考虑到。

10）钢材的配置（钢材量，钢材位置（保护层））

构件钢材量明显不同时，防腐蚀电路也要分开，所以掌握钢材的配制是很重要的。

11）修补的履历（表面处理工法，断面修复，补强）

用表面处理工法施工修补之后的结构物，电流没有从阳极流入混凝土中，必须要对阳极的下表面再处理。这样就必须要掌握原来的修理的过程。此外，如果采用电阻值很高的材料修补断面时，也可能电流没有从阳极流入混凝土中，也必须处理。

12）与其他防腐蚀工法一起使用时（可考虑相同的表面处理工法）

电化学防腐蚀工法和其他防腐蚀工法同时使用时，在设计时必须要考虑。例如，栈桥的钢管桩，过去一直采用牺牲阳极的防腐蚀措施。在海水中及潮汐部的混凝土也有电流流向其中的钢筋，因此，电化学防腐蚀工法和原来这些构件所采用的电化学防腐蚀方法，同时使用，能提高防腐蚀效果。

2. 工程现场调查

包括：外观，混凝土，混凝土中的钢材，钢材之间的电流导通。

在工程现场，掌握结构物的状况和环境条件是十分重要的。为了设计电化学防腐蚀工法，要对以下方面进行调查。这些调查是很通常的，有时还须安装脚手架，而且要参考已有记录。

1）外观

混凝土外观的调查，是混凝土前处理的数量和处理方法等设计所必须的，是基本的也是相当重要的调查。调查工作常常在脚手架上及专用设备上进行，比较明显的劣化现象可用敲打发出的声音和观测相配合的方法加以判断，绘制简图及照相记录下来，施工对象就是整个调查范围。调查项目包括：

（1）混凝土表面的浮渣、剥落、麻面等缺陷的位置与范围；

（2）裂缝的形状、宽度及长度；

（3）锈汁的位置与大小；

（4）露出的金属的位置与大小；

（5）修补记录（位置，大小及材料种类）；

（6）表面附着的海洋生物（量与种类）。

特别是对于电化学防腐蚀工法、脱盐工法及再碱化工法，如果混凝土表面有浮渣、剥落、麻面等缺陷时，从阳极流入的电流就不均匀，对这一点要有充分的了解，还要有相应对策。

2）混凝土

混凝土的调查范围和数量，根据所采用的电化学防腐蚀工法及混凝土结构物，适当地决定。作为混凝土性能状况的调查主要有以下方面：

（1）氯离子浓度；

（2）中性化深度；

（3）电阻率；

（4）透水性（仅对电化学植绒修补工法）；

（5）孔分布（仅对电化学植绒修补工法）。

特别是脱盐工法中的氯离子浓度，再碱化工法中的中性化深度，在施工前定量地掌握其性状是十分必要的。这反映出通电条件的假定。

电阻率的值低，电流易从混凝土中流过，电阻率的值高，电流从混凝土中流过困难。电化学防腐蚀工法是电流从阳极流入混凝土再进入钢筋，掌握电阻率的值及其离散性，作为电源装置及防腐蚀电路设计的资料。电阻率与混凝土的含水量有很高的相关性，故也可从含水率推断混凝土电阻率。

透水性和孔结构，是电化学植绒修补工法项目特有的调查项目；特别是透水性，是电化植绒修补工法必须掌握的项目。反映了通电条件的设定。

　　此外，对结构物混凝土还担心碱骨料反应时，选用适当的电化学防腐蚀工法，有可能促进这种反应的进行；因此必须要进行碱骨料反应的试验以及对碱骨料反应劣化外力的调查。但是，电化学防腐蚀工法对碱骨料反应的影响程度及其相应的条件还不明确，还不能适当地进行评价。

　　3）混凝土中的钢筋（钢材）

　　在混凝土中的钢筋（钢材）的调查时，其目的是掌握钢材的腐蚀状况及钢材的状态；主要有以下（1）～（4）方面的内容。为了详细地调查钢材的腐蚀状况，常采用测定分极电阻的方法。调查的范围和数量，要根据所采用的电化学防腐蚀工法、结构的部位及所处的环境条件而定。

　　（1）钢材的电位；

　　（2）钢材的腐蚀状况；

　　（3）钢材的形状与种类；

　　（4）透水性（电化学植绒工法）；

　　（5）钢材的位置（保护层）。

　　特别是对电化学防腐蚀工法，钢材的腐蚀面积越大，要求的防腐蚀电流密度越高，要根据钢材的腐蚀程度设定防腐蚀电流密度。此外，脱盐工法、再碱化工法及电植绒工法、为了确定其效果，施工前应测定钢材的电位。

　　4）钢材之间的电流能连接畅通

　　电化学防腐蚀工法，如果钢材间的电流不能连接畅通，从阳极的电流就不能流入，就不可能有预期的效果。因此，确定钢材间的电流能连接畅通十分重要。要调查钢材间的电流能连接畅通，可从设计图纸上得到一定程度的确认，但现场还需要调查。调查范围包括全部施工对象，调查数量，包括构件间及构件内部的电流连接畅通状况，要根据实际情况决定。特别是大断面修补等有历史记录时，要参考修补记录，在现场有必要用直流电压计检测确认。

　　5）结构物所处的环境条件

　　结构物所处的环境条件的调查，关系到腐蚀因子供给性的调查，以现场记录为对象就可以了。调查的目的与项目根据不同的电化学防腐蚀工法而定。在脱盐工法中要调查从外部进入的氯离子，氯离子受到连续供给的环境条件，是否同时采用表面处理工法等。在再碱化工法中主要调查二氧化碳的浓度、温度、湿度、降雨频度及日照量等；在中性化快速进行的环境条件下，有必要同时对结构构件进行表面处理；在电化学植绒修补工法中，要调查海水中含有的电解质离子的类型。

9.2　调查时的记录

　　电化学防腐蚀设计所要实施的内容，必须要适当记录保管，供设计时参考。

为了设计的调查记录如表 9-1 所示。混凝土的外观图及钢筋的电位分布图，分别如图 9-1，图 9-2 所示。

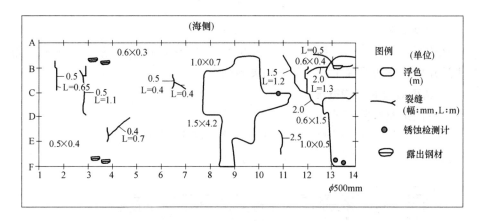

图 9-1　混凝土外观草图实例

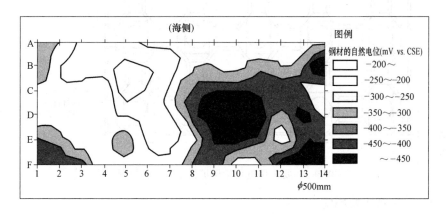

图 9-2　钢材的自然电位分布图实例

电化学防腐蚀设计的调查记录		表 9-1
调查项目	记录方法	备考
外观	外观草图（包括浮灰，剥离，剥落，裂缝，锈汁露出金属的位置） 数据单（包括浮灰，剥离，剥落，裂缝状况，劣化等级的划分，照片）	
混凝土	数据清单（氯离子浓度，中性化深度，抗压强度，含水率，电阻值，透水性，孔结构通电镀绒的性能）	
混凝土中的钢材	外观草图（钢材的腐蚀状况等） 数据单（钢材的电位，腐蚀状况，形状，种类，位置等）	
钢材间的电流畅通	数据单（钢材间的电位差等）	
结构物的环境条件	数据单（气温，湿度） 外部进入的氯离子 二氧化碳浓度；海水成分，水深，潮位，海浪高，潮水流速等	

9.3　采用电化学防腐蚀工法设计需要的调查实例

1. 调查目的

从竣工至现在，经过长期应用，栈桥上部部分结构已发生病变，钢筋外露，是否适用电化学防腐蚀工法，开展相关的调查。

2. 调查对象的结构概况

设计图纸及有关记录资料：

1）结构形式，棚式钢筋混凝土栈桥，结构物概况见图 9-3。

2）调查对象，码头上部的结构，调查面积约 $400m^2$。

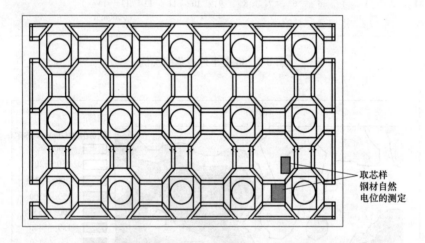

取芯样
钢材自然
电位的测定

图 9-3　要采用电化学保护技术结构物概况

3）结构物所处环境

处于海水的浪溅区，属于严重的盐害腐蚀环境。

4）结构物的履历

① 经过年数：28 年；

② 修补履历：无；

③ 定期检查记录资料：有定期检查记录，照相记录。

5）剩余的使用年限：30 年。

3. 在工程现场的调查

1）调查概要

通过作业船进行外观目视调查、钻芯取样和钢材电位的测定等调查，通过搭设简易脚手架进行。

2）调查项目和数量

（1）外观

目视调查：目视调查混凝土全面情况；

槌击法调查：在搭设简易脚手架范围内至少 5 个点。

（2）混凝土

a. 氯离子浓度：10 个点取样，每个样取不同深度的 3 个点进行分析；b. 中性化深度：10 点取样进行分析。

（3）混凝土中的钢材

a. 钢材的电位（自然电位）：10 个地方的自然电位，包括梁上 5 个和板上 5 个，一个点约 $1m^2$。b. 钢材的分极极化电阻：10 个点，与自然电位测定的地方相同。

（4）钢材之间的电流的通导

调查 10 个点，钢材调查打毛的点。

3）调查所要求的天数

约 6 天的时间。

4. 调查结果概要

1）外观

代表的劣化状况如图 9-4 所示。沿着钢筋方向有 72 根裂缝，混凝土爆裂起浮有 25 处，约合 $5.0m^2$。混凝土的剥离，剥落（已露出钢筋）有 18 处，约合 $3.5m^2$。现场调查的结构，出现外观性状变化的面积约占 10%。

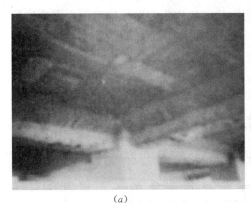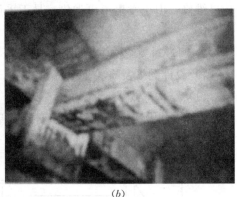

(a)　　　　　　　　　　　　　　　　(b)

图 9-4　代表的劣化状态照片

(a) 十字形梁保护层剥落；(b) 梁钢筋锈蚀

2）混凝土

（1）氯离子浓度

从全部检测结果，钢筋附近的氯离子浓度平均 $3.1kg/m^3$，比发生腐蚀的极限氯离子浓度 $1.2kg/m^3$ 超过了 2.5 倍以上。由于在盐害环境下，钢筋锈蚀逐渐发生。

（2）中性化深度

在已测定点处的混凝土，中性化深度是 0mm，没有看出有中性化的进行。

（3）混凝土中的钢筋

即使外观没有病变的部分钢筋，从钢材电位和电阻调查的结果，可以推断钢筋正受到腐蚀，腐蚀部分占测定面积约 55％；因此，没有明显的性状变化，但估计时间不会太长，外观上会发生变化。

（4）钢材之间的电流的通导

要进一步确认适用于电化学防腐蚀工法，必须认证钢材之间能通电流，电位差 1mV 以下。

（5）防腐蚀对策应采用的工法

根据调查结果，本栈桥的劣化是由于盐害引起的；混凝土结构表面已有很明显的劣化部分，要进行断面修复；调查工程对象的混凝土结构进行防腐蚀设计时，需全面采用电化学防腐蚀工法。

9.4　采用脱盐工法的调查实例

1. 调查的目的

工程离海岸还不到 100m，且施工后使用经过了 34 年，已经确认混凝土表面开裂、剥离、剥落及钢筋锈蚀等劣化现象；另一方面，过去对部分结构断面曾进行过维修，但也发生了再劣化，是否采用脱盐工法作为防腐蚀的对策，需要进行调查。

2. 调查对象结构物的概况

1）设计图纸及有关记录资料

（1）结构形式

2 跨钢筋混凝土结构桥，如图 9-5 所示。

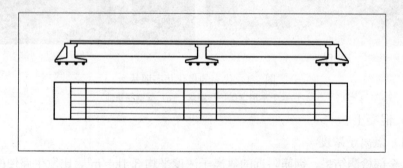

图 9-5　调查对象

（2）调查范围

下部结构工程，包括承台和桥墩，面积约 $120m^2$。

2）工程所处环境：离海岸线约 100m。

3）结构物的履历

（1）经过年数：34 年；

（2）修补履历：部分修补，但无记录；

（3）检查记录：无。

4）剩余使用年限：15 年。

3. 在工程现场调查

1）调查概况

外观目测的调查，通过钻芯取样，调查氯离子浓度和中性化深度，混凝土中钢材的调查，钢材间能否导电通电流，结构物所处环境条件的调查等。

2）调查项目和数量

（1）外观

目测调查和敲击法，要调查的全部混凝土，约 $120m^2$。

（2）混凝土：氯离子浓度；6 处取样，每个试件要进行 4 个不同深度的分析；中性比深度：6 处取样，进行中性化深度分析。

（3）混凝土中的钢材

a. 自然电位的测定：要测定 2 处以上，每处约 $1.5m^2$。

b. 钢筋腐蚀情况：检测 6 处，且要分散开。

c. 钢材的位置：检测 6 处保护层的厚度。

（4）钢材之间电流是否通导：检测 6 处，而且要分散开。

（5）结构物所处的环境条件：飞来氯离子量，防冻剂撒布量（根据管理资料）。

3）所需时间：约 3 天。

4. 调查结果概况

代表的劣化状况如图 9-6、图 9-7 所示。

1）外观：混凝土开裂，表面浮砂，剥离、剥落已经发生；裂缝已到达钢筋位置，可推断钢筋腐蚀是由于混凝土多处剥落和剥离造成的；保护层混凝土剥落，使钢筋腐蚀不断进行。

2）混凝土：在钢筋位置处，氯离子浓度约 $3.5kg/m^3$，含量相当高，中性化深度约 8～12mm。

3）混凝土中的钢材：通过錾凿混凝土，调查混凝土中的钢材腐蚀状况，保护层混凝土厚度 40～55mm，一部分钢筋已受到腐蚀；这是由于钢筋处氯离子浓度超过了发生腐蚀的临界值 $1.2kg/m^3$。

图 9-6　梁柱交接处的劣化状况　　　　　图 9-7　桥柱的劣化状况图

4）钢筋之间电流通导情况：电位差 1mV 以下，能保证钢筋之间的电流导通。

5. 应采用的防腐蚀工法

由于氯离子浓度超过了发生腐蚀的临界值 $1.2kg/m^3$，劣化的原因是由于盐害造成的。对已劣化部分进行修复，同时还采用脱盐工法，去设计防腐蚀工法。

9.5　采用再碱化工法的调查实例

1. 调查目的

某高架桥施工完成后已 26 年，外观上已发生开裂，保护层混凝土浮起、剥离和剥落，已确认了钢筋的腐蚀。另一方面，过去修复的断面，也发生了劣化；因此，作为防腐蚀的对策，是否能采用再碱化工法，需要进行调查。

2. 调查对象结构物的概况

1）设计图纸及有关资料

（1）结构形式：钢筋混凝土桁架桥，如图 9-8 所示。

（2）要进行调查的是桁架下面约 $400m^2$。

2）所处的环境

城市街道的高架桥（远离海岸线，盐害的可能性很低）。

3）结构物的履历

（1）经过年数：26 年；

（2）修补履历：部分断面修复过；

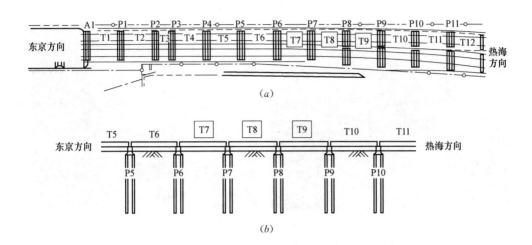

图 9-8　调查对象结构物的概况

（a）平面示意图；（b）立面示意图

（3）检查记录：定期检查，记录存档。

4）剩余使用年限：不明。

3. 现场调查

1）调查概要

调查时要架设脚手架，进行混凝土的外观调查，以及槌凿调查中性化深度，钢材腐蚀的情况，调查混凝土中钢材间的电流是否通导，此外结构物的环境条件也要调查。

2）调查的项目及数量

（1）外观。通过目测和锤击法，调查全部要调查的混凝土约 400m²。

（2）混凝土。中性化深度，敲打取样，包括梁的侧面。

（3）混凝土中的钢材

a. 钢材的腐蚀状况：调查 5 个点，敲打取样。

b. 钢材的位置（保护层厚度）调查 5 个点，敲打取样。

（4）钢筋之间电流通导情况。调查 5 个点，敲打取样。

（5）所处的环境条件：二氧化碳浓度（根据记录）。

3）调查所需要的时间。现场调查要 2 天。

4. 调查结果概要

代表的劣化状态如图 9-9、图 9-10 所示。

（1）外观。表面开裂，保护层混凝土翘起，有些点发生剥离，剥落；裂缝沿着钢筋发生，可认为是由于钢筋腐蚀而引起的。保护层混凝土剥离也是由于钢筋腐蚀造成的。

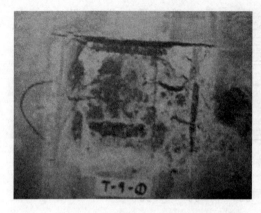

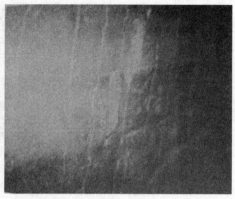

图 9-9　钢筋锈蚀保护层剥落　　　　　图 9-10　混凝土表面沿钢筋开裂

（2）混凝土。中性化深度 35～45mm，相当深。

（3）混凝土中的钢材。用敲打取样，调查钢筋腐蚀状况，中性化深度已到达钢材位置（20～40mm）；其他中性化未达到钢材部分，钢筋尚未发生腐蚀。

（4）钢筋之间电流通导情况。电压 1mV 以下，导电性良好。

（5）结构物环境条件。根据记录资料，二氧化碳浓度 0.03% 左右，属于规定范围。

5. 防腐蚀对策与采用的工法

根据调查结果，本调查案例中结构的劣化机理，是由于中性化造成的。修补裂缝，修复部分断面，以及采取再碱化工法，这是该工程的防腐设计的工法。

9.6　采用电植绒修补工法的调查实例

1. 调查目的

该工程竣工后经过了 25 年，从沉箱的海底部分到潮汐区，都普遍开裂，是否适宜于采用电植绒修补工法，立项进行调查。

2. 调查对象结构物的概况

1）设计图纸、资料及有关记录

（1）结构形式。钢筋混凝土沉箱，调查对象结构物的概况如图 9-11 所示。

（2）调查对象。从沉箱海底部分到上部结构工程（约 100m²）。

2）所处环境：在海水中的盐害环境。

3）结构物的履历

（1）经过年数：25 年；

（2）修补履历：无；

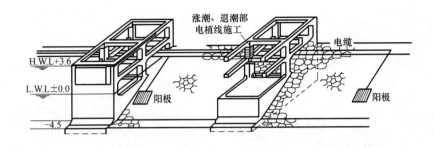

图 9-11 调查对象结构物的概况

（3）定期检查记录：无。

4）剩余的使用年限：不明。

3. 在工程现场调查

1）调查概要

外观目测调查通过作业船进行；钻取芯样和钢材的电位测定等，通过架设简易脚手架去进行；通过芯样分析不同深度氯离子含量，透水性，孔分布等；此外，海水的成分也要调查，这是结构物环境条件的重要方面。

2）调查的项目和数量

（1）外观

目测调查：调查对象混凝土结构物的全部（约 $100m^2$，水下沉箱）。

（2）混凝土

a. 氯离子浓度：调查取样 5 个点，钻取芯样，取出的各芯样，分析 7 个不同深度的氯离子含量。

b. 透水性：调查取样 5 个点，钻取芯样，取出的各芯样，离表面 2cm 处切片，进行分析。

c. 细孔分布：调查取样 5 个点，取出的各芯样离表面 2cm 处切片，每个切片厚度 5mm 进行孔结构分析。

（3）混凝土中的钢材

测定 5 个点的钢材电位。

（4）钢筋之间电流通导情况：测定 5 个点（钢材的电位测定采用专用的接线柱）。

（5）所处环境条件：结构物设置阳极附近的海水成分，附近的水深，潮水升高位置，海浪高度及潮水的流速等，均要测定。

3）调查所需要的时间。现场调查需要 6 天左右。

4. 调查结果概要

代表的劣化状态如图 9-12、图 9-13 所示。

图 9-12　表面磨耗及裂缝　　　　　　　图 9-13　沉箱混凝土开裂

（1）外观。浪溅区（LWL＋1.00m 以上），可见裂缝宽度毫米以上的大量裂缝，表面混凝土有一部分松软，剥离及剥落；也可见许多钢筋锈蚀。在潮汐区及海水中部分，也可见许多裂缝，以及混凝土表层松软和钢筋锈汁。

（2）混凝土。混凝土中钢筋附近的氯离子浓度，大大超过了极限氯离子浓度 $1.2kg/m^3$ 的极限值，平均是 $8.1kg/m^3$。因此，可证实，由于海水等影响，大量的氯离子渗透、积蓄在一起造成劣化。

透水系数平均值，大约为 $1.0×10^{-9}cm/s$，处于标准范围。此外，通过孔结构测定，孔半径 $7.5×10^{-10}m$ 以上的孔隙是 $79.0mm^3/g$，也属标准范围。

（3）混凝土中钢筋

从钢筋的电位测定结果可知，钢筋已广泛受到腐蚀了。

（4）钢筋之间电流通导情况

钢筋之间的电流通导在 1mV 以下，很适宜使用电绒修补工法。此外，潮汐区阳极和保水材料绕卷在混凝土表面，通过水泵补给海水，保证钢筋之间电流通导。

（5）结构物的环境条件

在海水中，确认含有电绒修补工法所需要的成分。此外，确认的海洋条件，使其在施工时间反映出来。

5. 防腐蚀应采用的工法

通过调查结果与分析，要通过电化学电绒修补工法，修补海水中混凝土结构的裂缝，进行电化学防腐蚀工法的全面设计。

第10章　电化学防腐蚀工法的适用范围

10.1　引言

在混凝土结构的电化学保护技术中，混凝土结构由于盐害或中性化，造成结构中的钢筋腐蚀时，可采用电化学防腐蚀工法进行修补。也可采用电化学保护技术，作为防腐蚀对策。电化学保护技术对海洋中混凝土结构的涨潮、退潮的干湿部分，以及大气中部分，都是适用的。电化学保护技术，对新建混凝土结构的预防保护，也都是适用的。

10.2　电化学防腐蚀工法和适用的对象

电化学防腐蚀工法和适用的对象如表 10-1 所示。

电化学防腐蚀工法和适用的对象　　　　　　　　　　表 10-1

适用对象			劣化机理	
			盐害	中性化
环境	陆上部位,内陆上部位		○	○
	海洋环境	大气中部分	○	○
		浪溅区部分	○	○
		潮汐区部分	▽	▽
		海水中部分	▽	▽
结构类型	钢筋混凝土结构(RC)		○	○
	预应力混凝土结构(PC)		○	○
已有结构	劣化过程中	潜伏期	○	○
		进展期	○	○
		加速期	○	○
		劣化期	▽	▽
新建结构物(预防)			○	○

注：表中的符号"○"表示适用；符号"▽"表示需要研究。

电化学防腐蚀，是在混凝土结构的表面，或在混凝土结构中，设置阳极系统；从阳极系统把直流电流经过混凝土，输入钢材（钢筋），使钢材（钢筋）的变位向负的方向变化，抑制钢材（钢筋）的腐蚀。因此，适当的防腐蚀电流在一定条件下能够输入钢筋，是混凝土结构由于盐害或中性化使钢材（钢筋）腐蚀的对策。几乎所有混凝土结构都能采用电化学防腐蚀工法提高其使用寿命。但是，

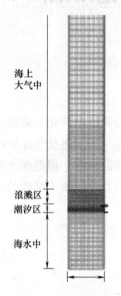

如图 10-1 所示，对于涨潮区及海水中部位，从施工性及耐久性考虑，必须要设计适宜的阳极系统。例如，要耐海浪冲击的阳极系统。从过去使用的经验来看，可采用内部电流阳极系统（牺牲阳极系统），或者内部电流阳极系统与外部电源装置的阳极系统组合使用。此外，结构物受腐蚀过程中，处于腐蚀的加速期和劣化期时，要先对结构物进行修补或补强，再采用电化学防腐蚀工法修补，两者组合可获更好的效果。

但是，对预应力钢筋混凝土结构构件，采用电化学防腐蚀工法的时候，由于通电过量，预应力钢筋可能发生氢脆化，因此在设计和管理上必须使预应力钢筋的电位不会发生氢脆。此外，如通电过量，在钢筋周围的混凝土会软化，粘结力降低，也同样要在设计和管理上注意。

图 10-1　海上混凝土结构不同部位

最后，担心会发生碱-骨料反应的情况下，由于采用电化学防腐蚀工法，会不会助长碱-骨料反应的发生？因此要事先调查和试验。但迄今为止，电化学防腐蚀工法对碱-骨料反应的发生还没有正确的评价。

10.3　新建混凝土结构物采用电化学防腐蚀工法

在盐害环境下，混凝土结构物从新建时期就采用电化学防腐蚀工法，可获得以下效果：（1）由于保证了混凝土结构物的耐久性，能降低寿命价格比；（2）由于设计时，增加了保护层厚度，降低了水灰比，在施工阶段不需要采用盐害对策；（3）由于以微小电流均匀地输送给钢筋，就能得到非常有效的保护效果。例如，在日本，沿海建造的钢筋混凝土桥梁，由于海水和海盐粒子作用，发生了盐害，作为盐害的对策，在桥梁混凝土结构构件制作时和架设后，就采用了电化学防腐蚀技术，这种新建混凝土结构很多。此外，在中近东地区，由于土壤中含有大量盐分，而且气温高，在这种环境下，盐害不能避免，故新建结构大多数都采用了电化学防腐蚀的保护技术。

在我国，如永定河大桥和青岛的海湾大桥，桥面板和桥墩上都在建桥同时，安放了牺牲阳极的电化学保护措施。

第 11 章　电化学防腐蚀工法的设计

在设计的时候必须要考虑到以下几个方面：采用电化学防腐蚀工法维修结构物的状况及要求的性能，电化学防腐蚀工法的特点，防腐蚀效果的确认方法，施工后的维护管理方法，以及施工条件等。

在设计的时候，除了本书介绍的相关内容外，还需要满足相关技术标准的要求。

采用电化学防腐蚀工法的结构物，完成电化学防腐蚀维修后，还需要进行适当的维护管理，因此还必须保存设计的相关资料。

11.1　进行设计时的调查

在设计电化学防腐蚀工法的时候，为了掌握施工数量等方面的详细情报，根据已有的设计资料及现场调查，从下述项目中选择相应的内容，进行设计方面的调查。

1）设计图纸和相关记录；

2）现场调查：

（1）外观；（2）混凝土；（3）混凝土中的钢材；（4）钢材之间的电流导通。

11.2　防腐蚀基准

防腐蚀基准主要有两方面：一是以通过防腐蚀电流前后钢材的电位变化量为基准，管理防腐蚀状态。电位变化量的基准是以钢材电位向负的方向变化100mV 以上；二是预应力钢筋（PC 钢筋）以饱和硫酸铜电极（CSE）为基准，必须设定比-1000mV 更低的电位。

1）通过防腐蚀电流前后钢材的电位变化量作为基准，基本上达到100mV以上。

通常，适宜用作电化学防腐蚀的混凝土中的钢筋，使其电位向负的方向变化，以便抑制阴极的腐蚀。这种阴极防腐蚀方法，就是在海水中及土壤中的钢筋混凝土结构或钢结构抑制腐蚀的一种工法。在这种情况下，钢材的电位以饱和硫酸铜电极为基准，达到-850mV 时就是防腐蚀状态，这个电位值就称之为防腐蚀电位。这时的防腐蚀率达到95％以上。如能满足这个条件，就可达到：

（1）混凝土中的钢材，处于高碱性介质中，耐腐蚀性的钝化皮膜就能覆盖钢筋表面；

（2）电解质混凝土的电阻大，但电流经过的路程只是保护层的厚度；

（3）即使是同一个结构物内部，不同部位腐蚀环境也差别很大。

由于上述原因，对于防腐蚀考虑的方法，在海水中的结构和在土壤中的结构考虑是不同的。以上述的防腐蚀基准，混凝土中的钢材达到防腐蚀的情况下，需要很大的电流密度，电源装置等设备的成本增大，阳极系统的耐用年限减少，而且也给混凝土带来恶劣的影响，因此需要研究经济性优良的最适宜的防腐蚀基准。

如果是由于氯离子而使混凝土中的钢材表面的钝化皮膜发生破坏而产生腐蚀的，最初是由于孔蚀（或间隙腐蚀）而引起。为了防止产生这种原因的腐蚀，使一度受到破损的钝化皮膜得以修复，这时所需的电位，只需要使阴极电位提高就可以了。此时钝化皮膜的电位是很低的，防腐蚀电流密度也是很低的。

这样，就可以做到防腐蚀电流尽可能低的情况下，也能达到必要的防腐蚀效果。

现在，在混凝土结构物中，电化学防腐蚀的电位，最实用的是以电位的变化量为设定基准。在这个基准中，不是以电位的绝对值为基准，而是以通电时候钢材的电位变化为指标，一般是以 100mV 以上的电位变化值为标准。这个值的根据是混凝土中电化学防腐蚀最初使用的是美国标准 NACE，根据日本的实践证明，这个基准是可信的。

另一方面，结构物处于很激烈的腐蚀条件下，有的研究报告指出，电位的变化量要在 150mV 以上。而且，在欧洲标准及美国标准都同时有记录。

但是，从防腐蚀原理中可见从阳极流出的电流（腐蚀电流）消失的话，腐蚀也就停止了。也即阴极电位和阳极电位相同时，没有电位差，腐蚀也就停止了。但在实际结构物中，这个电位差测不出来，而且考虑到安全性，故电位的变化量要在 100mV 以上为基准。

2）预应力钢筋（PC 钢筋）以饱和硫酸铜电极（CSE）为基准，必须设定比 -1000mV 更低的电位。

如果混凝土的 pH 值为 12.5，从理论上讲，钢材的电位 -1050mV 再向负的方向偏移时，就会产生氢气。这个电位与钢材周边混凝土的 pH 值有关。迄今为止，混凝土中钢材发生氢脆化的研究成果指出，电位 -1000mV 再向负的方向偏移时，钢材就容易发生氢化。但要达到这个范围，必须要使电流比防腐蚀电流密度大数十倍以上的电流。如果长期维持这个电位，钢材附近的混凝土就发生脆化了。因此，对预应力钢筋（PC 钢筋）要保持 -1000mV 的电位，且只能向正的方向偏移，钢材就不会发生氢脆化，必须以此管理钢材的电位。

但是，使用电化学防腐蚀工法修补的结构，其混凝土中钢材的四周即使不是高碱性，例如，钢材周边混凝土由于中性化，pH＝9.0 的时候，理论上发生氢脆的电位大致为－850mV。因此，混凝土中性化到达了 PC 钢材周边的时候，发生裂缝也达到 PC 钢材周边的时候，或者钢材受到的腐蚀比较明显的情况下，要保证钢材的电位值为－800mV 并向正的方向偏移，确保安全，这是重要的。

而对普通钢筋混凝土结构中钢材的电化学防腐蚀，基本上不需要考虑氢脆化，但要考虑其他方面的影响，例如对钢材与混凝土粘结力的影响，发生氢的电位，最低限度的电位也是－1000mV，向正的方向偏移。

11.3 防腐蚀电流密度

对防腐蚀电流密度要注意以下 3 点：（1）防腐蚀电流密度要满足 100mV 以上电位变化值的电流密度值；（2）采用外部电源方式的电流密度，在通电防腐蚀期间，阳极系统和混凝土的质量不发生降低，必须以此来设定电流密度范围；（3）采用内部电流方式（牺牲阳极方式）时，必须使设置阳极的面积，使发生的电流密度满足工法的要求。

1. 防腐蚀电流密度

电流密度要满足 100mV 以上电位变化值的变化量。但浸泡于海水中的混凝土结构，由于氧的扩散小，采用电化学防腐蚀时，防腐蚀电流密度非常小，通常是 $1\sim5\text{mA/m}^2$ 左右。

而在大气中的混凝土结构，氧的扩散速度很大，而且从外部侵蚀的氯离子腐蚀速度也大，故防腐蚀电流密度大。

采用外部电源的电化学防腐蚀时，电流密度必须满足防腐蚀基准的 100mV 以上的电位变化量所需的防腐蚀电流密度，通常是 $1\sim30\text{mA/m}^2$（混凝土面积）左右。但是也要根据混凝土中的钢材量、氯离子浓度、混凝土性能及保护层厚度等而增减。

为了决定初期的防腐蚀电流密度，必须要进行阴极分极试验，根据这个试验结果，确定防腐蚀电流密度。

采用电化学防腐蚀的混凝土结构，由于长期间的通电，钢材附近的氯离子，移向阳极附近，钢材附近混凝土的 pH 值升高，或者由于铁锈还原，钢材的电位逐渐增加。为此，可适当调低防腐蚀电流密度，以达到经济运行。

2. 采用外部电源方式的电流密度

由于产生内部电流，阳极材料的电位向正的方向移动，而且随着电流增大，阳极材料的电位也向正的方向移动增大，这与阳极材料的品种有关。但是，当阳极材料的电位高到一定程度以后，在阳极材料表面的电极反应，由于氧气的发生变成了氯离子的发生。氯离子的发生使得和混凝土接触的阳极材料发生劣化。因此，要确定使用的阳极材料发生氯离子的电位。使用阳极材料时不超过发生氯离子的电位。

3. 采用内部电流方式（牺牲阳极方式）

采用内部电流方式（牺牲阳极方式）电化学防腐蚀的时候，相应于阳极材料面积产生的电流，阳极和钢材之间的电位差而发生电池作用，产生防腐蚀电流而流向钢材，没办法抑制防腐蚀电流。因此，在设计的时候，要推算必要的防腐蚀电流，预计设置必要面积的阳极材料。通常是混凝土面积的 $1\sim30mA/m^2$ 左右，因此，要以防腐蚀混凝土结构的面积估算出阳极面积。

通常，通电开始后的防腐蚀电流为 $20\sim30mA/m^2$（阳极面积），能满足混凝土中钢材 $10mV$ 以上的电位变化值。通电时间的延长，即使电量相同，钢材的电位也逐渐增加，电流密度降低，也能满足防腐蚀标准，但阳极材料的消耗降低，能确保使用年数。

万一，不能满足防腐蚀电流基准时，可用外部电源装置补充防腐蚀电流。

11.4　防腐蚀方式的选择

在选择电化学防腐蚀方式的时候，必须要考虑到结构物的结构形式及环境条件，钢材的腐蚀环境，以及经济效果等。建议考虑以下内容：

1. 结构物的计划使用年限

新建的结构物的计划使用年限；已有结构物的剩余使用年限。

在新建的结构物时，从施工阶段设置电化学防腐蚀设施的时候，要考虑到结构物的形态，施工方法等方面，进行选择。

2. 结构物的形态和采用电化学防腐蚀的部位

考虑到结构物的形态，去选择最适宜的工法。例如，码头桁架的底面受到漂浮物的冲击部位，不适宜采用阳极露出的方式。根据电化学防腐蚀的部位，选择最适当的方式，例如，如果只是桥梁端部需要电化学防腐蚀的时候，也可能有不需要设置阳极的方式。

3. 环境条件（气象，海象）

对采用电化学防腐蚀的结构物，处于大气中的部分，浪溅区部分、涨潮与退潮部分及海水中的部分，使用的方式是不同的。例如，在潮湿环境，涨潮与退潮部分及海水中的部分，采用内部电流方式是可行的。

4. 劣化程度

混凝土已明显劣化，有松动剥离等损伤及大的开裂等，必须进行修复，修复时能同时安装阳极，是一种经济的方式。

5. 修补的记录

在采用电化学防腐蚀工法之前，如果已有表面被覆工法及断面修复工法的履历时，采用面状阳极工法施工修补时，必须把表面遮盖材料完全撤去。此外，电阻很高的断面修复材料也必须要铲除。

6. 混凝土的电阻

一般来讲，混凝土的电阻很大情况下，不能采用内部电流方式（牺牲阳极方式）。

7. 有否电源

一般来讲，不能保证电源的时候，采用内部电流方式（牺牲阳极方式）。或者采用太阳能或风能供应电源。

8. 阳极材料的使用年限

一般来说，钛金属的阳极材料，表面上都镀上一层贵金属，这层贵金属镀膜，由于通电而不断消耗，故钛金属阳极材料的使用年限，与贵金属镀膜消耗速度相依存。通常，钛金属系的阳极材料的使用年限为 40 年。碳纤维系的阳极材料与之相比，使用年限稍为短些。此外，牺牲阳极的阳极材料，由于自身的消耗，阳极的重量由使用年限决定。

9. 寿命造价

由于阳极材料的耐用年数不同，还有电器产品等品质问题，假定其耐用年限为 20 年。这样，可计算寿命造价，评价选用的电化学防腐蚀工法，是选择使用期长一些好，还是提前更新好。

10. 维护管理的难易程度

在不能简单地设置阳极的情况下，例如对高架桥在选择电化学防腐蚀方案时，要把电化学防腐蚀处理后的维护管理，也考虑进去。

11. 美观，外观的重要程度

在国家公园等地的结构物，要重视设置阳极材料的美观与外观。

11.5　电化学防腐蚀电路的设计

电化学防腐蚀电路的设计，主要有以下两方面的内容：（1）电化学防腐蚀电路的设计主要目的是使防腐蚀电流均匀地流入钢材；（2）电化学防腐蚀电路的设计主要有以下内容：① 防腐蚀电路的面积；② 阳极系统及配置；③ 通电点和电流输出点的位置和数量；④配线配管材料及设置的位置；⑤ 电源装置和设置的位置。

1. 电化学防腐蚀电路的设计

目的是使防腐蚀电流均匀地输入钢材，电流分布 R_p/ρ（钢材分极电阻和电解质混凝土的电阻比）为参数来决定。腐蚀速度（分极电阻的倒数）和混凝土的电阻有很大差别，仅仅一个电路通过防腐蚀电流时，防腐蚀电流是不可能均匀流入钢材的；因此防腐蚀电路必须分散布置，在电流分布设计中，要掌握其方法，近期有采用有限元计算的方法。但是，在采用结构物修补工程时，由于分极电阻和电流的电阻离散性大，误差大，还需要进行更多的研究。现在的技术水平，是通过经验和研究结合，得出相关的结论。在上述第（2）项所述的内容，能充分研究考虑的话，作为防腐蚀系统，就能证明能够充分发挥功能。

2. 电化学防腐蚀电路设计的主要内容

1）防腐蚀电路的面积

采用电化学防腐蚀的防腐蚀电路的规模，考虑迄今为止的研究报告和实际成果，是以每个电路为组成单位来表示，这对施工和维护管方面也是有效的和经济的。在日本，为了保证电位分布的均匀性，而且施工性能及经济性都不降低的情况下，一个电路管控的范围，最大的面积是 $500 m^2$ 左右。也即是说，为了保证电位分布的均匀性，每一个电流线路管控的面积应尽可能小。此外，腐蚀环境的条件不同，必要时防腐蚀电流密度也不同，因此，电流线路必须分开。

2）阳极系统及配置

阳极系统是防腐蚀电流输出的装置，是最重要的设备。因此，应具有电流均匀分布，耐久性优良，设置的阳极系统对结构物不发生故障。

3）通电点和电流输出点的位置和数量

通电点的位置和数量，要根据防腐蚀的方式而决定，但为了得到均匀的电流分布，有必要适当地选择，电流输出点的位置和数量也需要适当地选择。

4）配线配管的材料与设置的位置

在电化学防腐蚀中，为了输入防腐蚀电流，防腐蚀电路的配线配管和维护管理，设置监控系统是很必要的。

外部电流方式的防腐蚀，其输送电流的配线配管，从防腐蚀位置的阳极装置到电源装置，是从商业电源设备到电源装置的一侧，而牺牲阳极的内部电流方式，配线配管是在阳极和钢材之间。

监控系统的配线配管，不管是哪一种防腐蚀方式，其设置的位置，均为防腐蚀对象与监控系统之间。

5）电源装置和设置的位置

外部电流方式的防腐蚀的电源装置，采用交流 100V 或 200V 的商业用电，但要转换为直流电，输出稳定是最基本的要求。如有可靠的资料证明，也可采用其他电源。

通电方式有定电流方式、定电压方式、定电位方式及混合方式，但不管哪一种方式，都要达到防腐蚀的目的。定电流方式，电源的最大出力是在电压的范围内，输出的电流是一定的。定电压方式，把一定电压加给输出接头，这时阳极和钢材之间的电阻成反比，输出电流。定电位方式，埋设校对电极测定开机时钢材的瞬时电位，使其保持一定值，自动调节输出电流的方式。混合方式是定电压和定电位两种方式的组合，或者是定电流和定电位方式的组合。根据国内外应用的情况来看，定电流的方式是应用的主流。

此外，通过电源装置输出的电压是 60V 以下，必须能够使整个防腐蚀电路通过必要的防腐蚀电流。在设电源装置的时候，必须根据电气设备技术基准，实施 D 种接地工程不能采用商业电源地区，以及比商业电源便宜的情况下，可采用太阳电池、风力发电装置等。

11.6 监测电路的设计

在监测电路设计的时候，必须要确认能供给适当的防腐蚀电流，和达到的防腐蚀效果。此外，监测电路的设计必须要考虑到对象结构物的类型、形状和部位及环境条件等。

1）监测电路设计的时候，为了获得电化学防腐蚀工法所期待的效果，必须确定能够供给适当的防腐蚀电流。这样，就需要设置监测电路。

2）监测电路的设置，对埋入式的校对电极，每个线路要设置 2 个以上。即使是同一个电路内部，由于环境条件不同，考虑到电流分布的离散性，还必须在不同环境下设置校对电极。

防腐蚀对象是 PC 结构物时，由于电流分布不均匀，会担心氢脆问题。这时，在电流最大处，设置校对电极是十分必要的。例如，混凝土的含水率和断面修复材料的质量，会产生电流不均匀的情况下，这时，就必须考虑校对电极的设置位置。

此外，校对电极附近的钢材，必须设置监控电极测定输出端的电位，作为电化学防腐蚀用的监控装置。上述校对电极之外，测定防腐蚀电流用的测头，测定腐蚀速度用的测头，测定微电流用的测头等，必须分别采用相应的装置。

11.7 混凝土的预处理

混凝土的预处理设计，其目的是在调查结果的基础上选择适当的处理方法及处理范围。

电化学防腐蚀工法，对混凝土中氯离子含量超标时，处理与否均可。在电化学防腐蚀工法中，混凝土的劣化部分有可能妨碍防腐蚀电流的均匀性及防腐蚀效果。要通过观测及敲打的方法进行设计前的检查。以下部位要判断是否已劣化：

① 浮动，剥落，麻面；

② 钢筋发生锈汁处及保护层表层的钢材；

③ 裂缝；

④ 混凝土断面修复处和表面处理材料的电阻值有很大的不同。

在施工前调查时，劣化部位和已作出判断的部位，对结构物受力不会产生影响的时候，可以刨除，刨除部位可用断面预处理材料修复。

此外，采用面状阳极方式进行电化学防腐蚀工法时，表面处理材料的电阻大，必须全部清除防腐蚀结构部位的表面。

如果裂缝过大，必须注入相应的修复材料。开裂部位漏水时，调查原因，进行适当的防水处理及导水处理。

11.8　使用主要材料

1. 阳极材料

（1）外部电源方式的阳极，阳极材料要具有以下功能，而且这些功能在防腐蚀期间能得到保证。

① 防腐蚀对象混凝土中的钢材，能均匀地通过防腐蚀电流。

② 由于长期输入电流，阳极的性能不降低。

③ 由于长期输入电流，阳极与混凝土连接的部分，混凝土的质量不降低。

（2）内部电流方式的阳极，要具有以下性能，而且，其功能在防腐蚀期间能继续保持。

① 防腐蚀对象混凝土中的钢材，当输入电流时，具有低电位的金属，其电位与阳极材料的耐用年数相一致；

② 由于放出电子，产生金属氧化物，要不影响混凝土的质量；

③ 电流均匀地输入结构。

（3）外部电源方式的阳极

防腐蚀电流，从阳极通过保护层流入防腐蚀对象钢材。这时，阳极材料和钢材之间的距离比较近，防腐蚀电流均匀输出，阳极材料设置和钢材同一个面上比较多。从电源装置输出的电流经由导线输出，从通电点流向阳极材料。离通电点最远的阳极，由于阳极材料内部的电压降，流入钢材电流与通电点附近部分相比，从阳极材料流失的电流减少。也就是，在通电点附近的阳极材料多，离通电点远的地方阳极材料少会产生电流分配有差异。因此，希望阳极材料的体积电阻要小。在设计的时候必须要考虑阳极材料的体积电阻。一般，希望阳极材料内的电压下降 300mV 以内。

2. 阳极材料应在通电防腐蚀期间具有要求的耐久性

对于钛金属系的阳极材料，由于长期使用，会出现贵金属氧化层而逐渐消耗。此外，用碳纤维的阳极，与钛金属系的阳极材料相比，消耗快。混凝土中钢材防腐蚀用的阳极材料的耐久性，要根据快速试验进行检测。外部电源的阳极材料，按照美国介绍过来的标准检验，如果合格，可保证 40 年以上的使用寿命。

由于输出电流，阳极材料和钢材附近发生电化学反应。这时阳极材料附近混凝土的 pH 值降低，阳极材料的电位由于氯盐发生而提高，以及由于电泳作用，移动到阳极侧的氯离子，变成亚氯酸盐及氯气，使阳极材料和其附近的混凝土劣化。结果，钢材和阳极材料之间的电阻增大，系统的功能下降。

3. 牺牲阳极的阳极材料

选择能使混凝土中钢材的电位维持负方向的金属作为阳极。作为阳极的金属受到腐蚀时，放出电子，产生防腐蚀电流，输入防腐电流的对象钢材。放出电子的时候，阳极材料的电位向正的方向偏移。钢材与阳极材料之间的电位差变小，电流逐渐降低。对电化学防腐蚀用的阳极材料，输出的电流降低应尽可能小，这对选择阳极材料时最为重要。

此外，电子释放出来后，由于阳极氧化，阳极表面受氧化物堆积，会使电阻上升。因此，在使用初期的电位能长期维持，是很重要的性能。确定这个方法的手段是根据日本腐蚀防腐蚀协会标准 JSCE S. 9301 "牺牲阳极的试验方法"进行检验。

如上所述，电子释放出来后，氧化物的体积增大，在混凝土中埋设阳极的方式，由于体积膨胀，不要影响到混凝土的品质也是很重要的。在混凝土表面设置的阳极材料，由于体积膨胀，阳极和混凝土之间不会产生间隙，也是重要的。

防腐蚀的钢材和阳极材料之间的距离近，防腐蚀电流容易集中于钢材的一端。因此，为了得到均匀的电流，阳极材料应和防腐蚀钢材同样表面上设置，但对点状阳极的设置要多花工夫。

11.9　校对电极

必须选择电位稳定性和耐久性好的校对电极。在开始通电的时候，防腐蚀钢材的 pH 值上升，而且氯离子被除去，钢材的自然电位恢复到钝化皮膜状态的范围，显示出稳定的电位。所需的时间，因结构物而异，但一般时间为通电 1 年以后，达到稳定状态。但是，对于采用电化学防腐蚀工法的结构来说，为了得到预期的防腐蚀效果，还需要继续维护管理。在继续维护管理期间，校对电极必须电位稳定耐久性能好。用校对电极和直流电压计测定电位的时候，有微量电流流回测定电路中，这个电流通过校对电极和直流电压计内部的电阻回流。比较混凝土的电阻和校对电极的接地电阻，电压计内部电阻在 100 倍以上时，测定误差就在

1%以内。因此，在测定时，采用内部电阻为 100mΩ 以上的高输入电阻的电压计。此外，希望校对电极的接地电阻值小。

11.10　断面修复材料

在采用电化学防腐蚀的结构中，使用断面修复材料时，要选用电阻值大和粘结力强的材料，具有抗压强度及要求的性能。

采用电化学防腐蚀的混凝土结构中，有剥离、剥落及麻面等劣化部位，应清除干净，在设置阳极材料之前进行修补，修补用的混凝土应与原状混凝土具有相同的电阻值。电流通过保护层从阳极流入钢材，如电阻值高的修复材料，电流不均匀，防腐蚀效果不完全。

混凝土和断面修复材料的电阻值，与测定方法及养护条件（喷水及温度等）有关。检测出来修复材料的电阻与混凝土的电阻应相同。

可参考下述方法测定修补材料和混凝土的电阻：

（1）4 极法，日本电气学会编的"电腐蚀 土壤手册"。

（2）混凝土桥墩阴极保护指南，FHWA。

（3）交流阻抗法。

此外，为了使防腐蚀电流均匀流动，断面修复材料和混凝土的整体性是很重要的，修补材料的粘结强度及不发生剥离也是很重要的。

11.11　裂缝修补材料

在电化学防腐蚀工法中采用的灌缝材料，应与电化学防腐蚀工法的方式和阳极配置的方式一致。例如和混凝土的阻抗应相同，在电化学防腐蚀工法之前，已修补过裂缝，考虑到电流分布的均匀性，设置阳极时必须考虑这方面的影响。

11.12　配线配管

应选择耐久性优良、维护管理容易的配线配管材料。在电化学防腐蚀工法中，防腐蚀电路的组成和监测线路所必需的配线配管，应从防腐蚀期限和耐用年限去选定。此外，把材料更新作为前提进行选择也是很重要的。

11.13　直流电源装置

采用外部电源方式的直流电源装置，在通电防腐蚀期间，能稳定的输出直流电流，这是最重要的。

外部电源方式采用的电源装置，要选择能在通电期间稳定供应电流的装置。但是，直流电源装置所用的部件，与阳极材料相比，其使用寿命短，应有维护管理计划，并且设备构造要便于更新，这也是重要的。

为了便于维护管理，可安装通信线路，使直流电源装置具有遥控功能。接收电源的箱子，一般都在严重腐蚀的环境下，故必须从材质和构造上保证接收电源的箱子的使用寿命。此外，还要安放避雷针，保护装置的安全。

第 12 章 各种电化学保护（防腐蚀）方式和特点

12.1 概要

电化学保护（防腐蚀）方式，有外部电源方式和内部电流（牺牲阳极）方式。各种电化学防腐蚀方式所用的阳极材料及其施工方法和特征，如表 12-1 所示。

各种电化学防腐蚀系统及实例   表 12-1

按电源方式分类	按阳极材料分类	电化学防腐蚀方式
外部电源方式	面状阳极	钛金属网阳极方式
		板状阳极方式
		导电性涂料方式
		钛金属溶液喷射方式
		钛、锌金属溶液喷射方式
		导电性砂浆方式
	线状阳极	钛金属杆网状方式
		钛金属条网状方式
	点状阳极	钛金属杆状阳极方式
牺牲阳极方式	面状阳极	锌板的方式
		锌、铝拟合溶液喷涂方式

这些电化学防腐蚀系统的特征、施工概要、施工图片及施工业绩，如下所述。

12.2 钛金属网状阳极方式

1. 特征

1）防腐蚀电流优良的均匀性；2）由于采用高纯度钛金属做阳极，耐久性优良；3）阳极用砂浆覆盖，装饰美观；4）由于阳极用砂浆覆盖，荷载相对大一些。如图 12-1 所示。

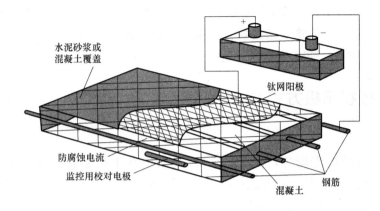

图 12-1　钛金属网状阳极方式概念图

2. 施工概要

施工顺序如图 12-2 所示。

1）将阳极安装在混凝土表面上，为了提高阳极与混凝土表面的粘结，通常用界面剂处理混凝土表面。

2）钛金属网阳极有专用的塑料钉，将阳极固定在混凝土表面。各钛金属网阳极，有钛金属制的电流分配配件和专用的接点连接，保证各钛金属网阳极间的电流畅通。

3）钛金属网阳极安装完毕后，用无机材料全面覆盖阳极，厚度约 15mm 左右；可喷涂或抹灰。

4）施工缝和阳极端部要做防水。

3. 施工过程照片

施工过程照片如图 12-3 及图 12-4 所示。

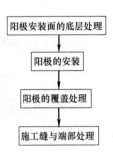

图 12-2　阳极施工流程

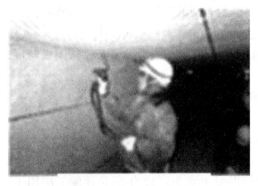

图 12-3　阳极施工状况

图 12-4　桥梁修补后外观

修补后的桥梁，安装了钛金属网的电化学保护方式。据统计，在日本采用这种电化学保护方式的建筑结构物及土木结构物，共计约 10 万 m^2（2001～2010年），有旧结构物，也有新建结构物。

12.3 板状阳极方式

1. 特征

1）防腐蚀电流均匀，优质；2）板状阳极在工厂制作，能保证高质量；3）板状阳极，有各种制造方法；4）在断面缺损处，作为一种永久性模板使用；5）合理地进行断面修复是可能的。

2. 施工概要

板型阴阳极方式概念图如图 12-5 所示，施工流程如图 12-6 所示。

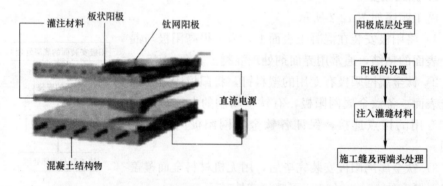

图 12-5　板型阳极方式概念图　　　　图 12-6　施工流程

1）在混凝土表面设置板状阳极，为了提高粘结强度，灌入有关无机胶粘剂。

2）使用板状阳极专用的固定器具，将阳极安放在防腐蚀钢筋的混凝土表面。为了确保板状阳极的电路畅通，采用专用钛金属制的电流分配零件，与板状阳极相连接。

3）板状阳极安装完毕后，灌入无机微膨胀的水泥砂浆，填充板状阳极与混凝土之间的空隙。

4）最后，施工缝和端头用防水嵌缝膏封住。

3. 施工照片

施工记录的照片如图 12-7、图 12-8 所示。

4. 施工业绩

本防腐蚀工法用于土木结构物的钢筋混凝土码头，10 年间共计施工应用了1000m^2以上。

图 12-7　安装板状阳极

图 12-8　修补后状况

12. 4　导电性涂料方式

导电性涂料方式如图 12-9 所示。

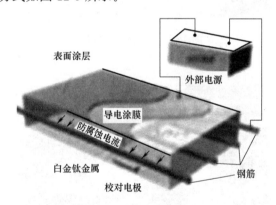

图 12-9　导电性涂料方式

1. 特征

1）由于阳极是通过喷涂施工做成的，施工性能优良；2）面层涂料装饰美观；3）阳极再修补容易；4）对结构的荷载增加甚少；5）容易受物理损坏。

2. 施工概要

施工过程如图 12-10 所示。

1）结构物表面的混凝土用高压空气喷洗整平，而且在混凝土表面首次喷涂的涂料要与二次喷涂的涂料，很好地结合成一整体，才能得到好的阳极材料。

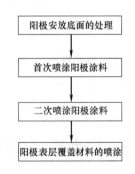

图 12-10　导电性涂料方式
的施工流程

2）混凝土表面要切出宽约 5mm 乘深约 6mm 的沟槽，沟内深约 30mm，沟槽内安放一次阳极（钛白金属线），然后用树脂制的压线片固定，再用导电性涂料填满沟槽。

3）用导电性涂料第二次全面喷涂面层。

4）用滚涂或喷涂在阳极表面的覆盖材料。

3. 施工照片

施工时记录照片如图 12-11、图 12-12 所示。

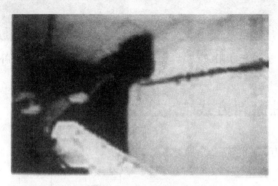

图 12-11　阳极设置状况

图 12-12　修补后的桥梁

4. 施工业绩

从 2001 年至今，该项技术用于钢筋混凝土桥梁等结构的施工面积约 1000m² 以上。

12.5　钛金属溶液喷射方式

钛金属溶液喷射方式如图 12-13 所示。

阳极表面喷涂钛金属溶液面层，通过固定点与外电源阳极的电极连接方式。

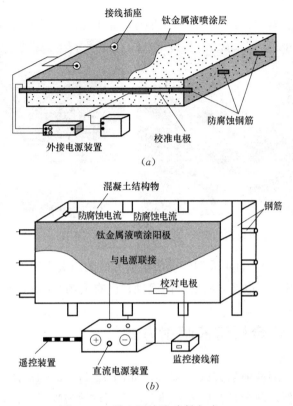

图 12-13　钛金属溶液喷射方式

1. 特征

1）防腐蚀电流比面状阳极能均匀流通，是该方式的优点之一；2）阳极材料使用了高纯度钛金属，耐久性优良；3）钛金属溶液喷射层厚仅 $100\mu m$ 左右，不增加结构荷载质量；4）阳极表层还有一层涂料，可做到比较美观。

2. 施工顺序

施工顺序如图 12-14 所示。

1）结构物安放阳极处的混凝土处理，使粘结性能提高；

2）采用专门溶射机，将钛金属条喷射到混凝土表面；

3）在喷射面上均匀撒布触媒液；

4）用 $10mA/m^2$ 的电流密度阳极电解，在钛金属膜的面上形成触媒层；

5）用钛金属球和钛金属板设置通电点，供给防腐蚀电流；每 10m 间距设置一个，进行钛阳极使用量的管理。

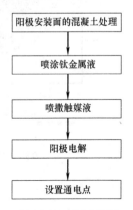

图 12-14　施工顺序

3. 施工照片

钛金属溶液喷射方式阳极的施工照片，如图 12-15、图 12-16 所示。

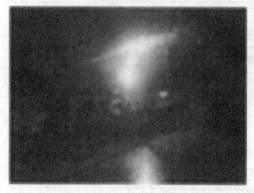 

图 12-15　阳极设置的情况　　　　　　　图 12-16　修补完成后的结构

从 2001 年开始，日本采用钛金属溶射方式的阳极，用于 PC 道路桥及 RC 道路桥的新建防腐蚀，以及老桥修补防腐蚀，已有大约 $2000m^2$。

12.6　钛、锌金属溶液喷射方式

钛、锌金属溶液喷射方式的阳极，如图 12-17（a）所示，与钛金属溶液喷射方式阳极相似，前者是在后者基础上，再用锌溶液喷射一次，是由钛及锌两层金属膜做成的阳极，在日本也仅有 1～2 项老工程修补应用。施工过程如图 12-17（b）所示，施工记录照片如图 12-18 及图 12-19 所示。

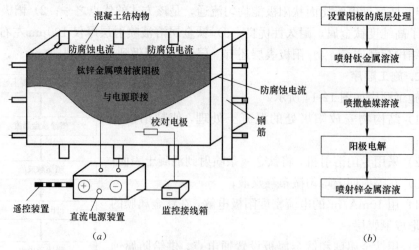

（a）　　　　　　　　　　　　　　　　　（b）

图 12-17　钛-锌金属溶液喷射方式及施工流程

（a）钛-锌金属溶液喷射方式；（b）施工流程

图 12-18　阳极设置状况

图 12-19　修补后状况

12.7　钛金属网状的阳极方式

钛金属网状的阳极方式如图 12-20 所示，可用于新老结构物的电化学防腐蚀。

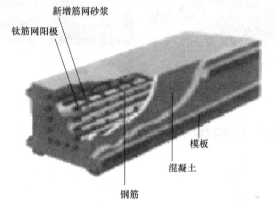

图 12-20　钛金属网状的阳极方式

钛金属网状阳极用于新建与原有结构施工流程如图 12-21 所示。

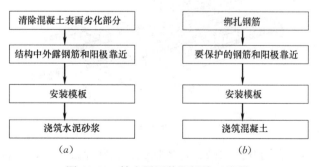

图 12-21　钛金属网状阳极施工流程

（a）原有混凝土结构物；（b）新建混凝土结构物

在新建混凝土结构物中使用钛金属网片阳极时，其施工顺序如下：

1）混凝土结构中的钢筋绑扎完成；

2）钛金属网片阳极用专门固定部件固定，位置要离开钢筋 20mm 左右；此外，钛金属网片阳极之间的距离约 300mm 左右，为了保证各阳极间的电流畅通，要用专门的电流分配材料连接。

电流分配材料的固定，也要用固定阳极的器件来固定，但要保证阳极和电流分配器不要短路。施工过程记录的照片如图 12-22 及图 12-23 所示。

图 12-22　阳极放置的情况（新安放）　　　　　　图 12-23　修补后

施工应用：本工法用于新、老结构的电化学保护共计约 1 万 m^2。

12.8　条状钛金属阳极

条状钛金属阳极如图 12-24 所示。

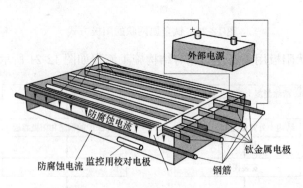

图 12-24　条状钛金属阳极

在混凝土结构表面开挖沟槽，将条状钛金属网埋入其中，然后用水泥砂浆封槽。条状钛金属网成为阳极，与外面直流电源连接，混凝土中的钢筋与外接电源的阴极相连接。通入直流电流，钢筋获得电子 e^- 而防腐蚀。

1. 特征

1）阳极与要防腐蚀的钢筋相应位置设置；

2）条状钛金属阳极埋设在预先挖好的沟槽中，施工性能优良，不增加结构荷载；

3）由于阳极埋设在混凝土中，起浮及剥离的危险少；

4）新建的混凝土结构物也可采用。

条状钛金属阳极方式的施工流程如图 12-25 所示。

2. 施工概要

1）将混凝土劣化部分清理修补，已露出的钢筋进行处理，设置监控电极及输送电流的接点等；

2）在设计好的间隔切削沟槽，进一步调整沟槽的情况，检查是否会造成阳极和钢筋的短路等；

3）阳极和配电器要埋设在切槽中，要用专用塑料固定器固定，用点焊连接；

4）表面用水泥砂浆填充抹平。

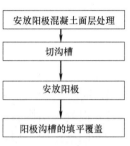

图 12-25　施工流程

3. 施工记录照片

施工记录照片如图 12-26、图 12-27 所示。

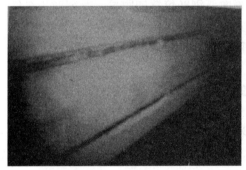

图 12-26　阳极设置状况

图 12-27　修补后

4. 施工业绩

广泛用于建筑结构及土木工程结构的新建工程及老工程的电化学防腐蚀，从 2001 年至今，应用的工程已超过 2 万 m²。

12.9　钛金属杆方式

钛金属杆方式的阳极如图 12-28 所示。其特点是在混凝土结构的面层钻孔，孔径 12mm 左右，各孔深度离保护钢筋有一定距离。在孔内插入钛金属杆阳极，然后再用钛金属线把各钛金属杆阳极连接，成为整个防腐蚀阳极，再与外接直流电源相接。

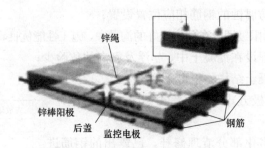

图 12-28　钛金属杆方式概念图

1. 特征

1）混凝土结构表面不用处理；

2）阳极比较小型，轻量，不增加结构荷载；

3）阳极的施工容易；

4）需要二层配筋的结构使用该法较适宜；

5）在阳极端部要使用薄板，不经济。

2. 施工概要

1）使用钢筋探测器，探测从混凝土表面离钢筋位置的距离，及钢筋相对位置，用墨线弹出阳极安放位置，在阳极安放位置的混凝土钻孔，孔径 φ12mm，各孔有专用保护层测定器，测定各孔与钢材之间的距离，符合要求时就可确定下来。

2）各钛金属杆插入孔之间的连接，在混凝土表面切一条宽 2～3mm，深 5～10mm 左右的槽，钛金属线连接。

3）孔内部用专用胶涂布之后，再用卷材料与钛金属棒插入阳极。

4）各钛金属棒与钛金属导线相连接，检查电流是否畅通。

3. 施工记录照片

施工记录照片如图 12-29 及图 12-30 所示。

图 12-29　阳极设置状况

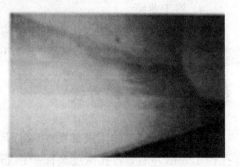

图 12-30　施工修补后

4. 施工应用

从 2001 年开始至今，该技术用于新建及已有混凝土结构物的电化学保护约有 4000m² 左右。

12.10 锌板阳极方式（牺牲阳极方式）

锌板阳极方式如图 12-31 所示。

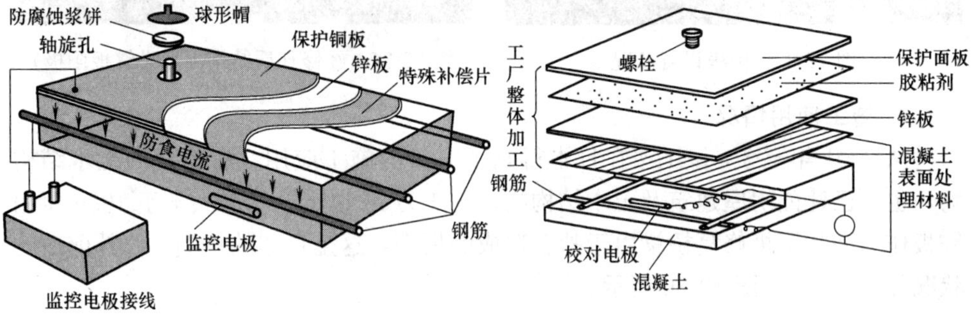

图 12-31 锌板阳极方式

(a) 立体图；(b) 构造图

1. 特征

1）通过阳极材料本身溶解而产生电流流动，不需要设置电源装置；

2）阳极材料采用高纯度的锌板，厚度 1mm 时，使用寿命达 15 年；

3）防腐蚀板在工厂制造，其由面层板、锌板和填充料经加工制成；

4）防腐蚀面积 1m² 约增加 10kg 的死荷载；

5）结构表面安装了锌板的内部电流保护，表面有鼓出的东西，不太美观；

6）根据环境条件，不适宜采用这种工法的也有。

2. 施工概要

施工流程如图 12-32 所示。

根据设计需要，将工厂加工好的锌板阳极运至现场。

1）在要防腐蚀混凝土结构表面标志出防腐蚀板及安装螺栓位置；2）安放连接螺栓；3）安装防腐蚀锌板；4）80cm 方形的防腐蚀锌板，每块板之间有 10cm 的间距，用树脂胶填充。

图 12-32 锌板阳极方式施工流程

3. 施工记录照片

施工记录照片如图 12-33、图 12-34 所示。

图 12-33 阳极设置状况

图 12-34 经修补后结构（埋设锌板阳极）

4. 施工使用情况

从 2001 年至今，该工法在日本得到了大量的施工应用。有新建的土木结构物，也有已建的房屋建筑及土木结构物，约 1 万 m² 以上。鸟取大学于 1989 年用锌板作为面状阳极修复桥梁由于盐害造成的损伤，这是日本的首例。修补前后的状况如图 12-35、图 12-36 所示。

图 12-35 施工前

图 12-36 施工后（修补时埋设的锌极阳极）

12.11 锌-铝合金溶融喷射方式的阳极

这也是一种内部电流（牺牲阳极）的电化学保护方式。锌-铝合金溶融喷射方式概念，如图 12-37 所示。

1. 特征

1）牺牲阳极内部电流方式，不需要外部电源，造价低，维护管理方便；2）整个阳极施工面都是喷射形成的，即使形状复杂也便于施工；3）整个阳极是通过喷射形成的，防腐蚀电流均匀，使防腐蚀也能均一化；4）如果腐蚀环境稳定，可得到其除极量。

2. 施工概要

锌-铝合金溶融喷射方式阳极的施工流程如图 12-38 所示。

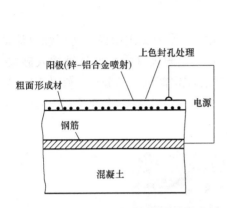

图 12-37　锌-铝合金溶融喷射方式概念图

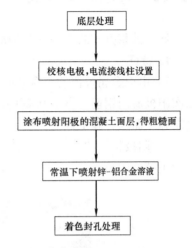

图 12-38　施工流程

1）在结构物的混凝土表面，采用相应工具，清除旧涂膜及污物；2）用打毛机把混凝土扒开，露出钢筋后，安放校核电极及电流接线柱；3）为了使混凝土与喷射的金属膜形成一整体，要用高压空气喷吹，除去表面灰尘与污物；4）采用常温金属喷射机，喷射锌-铝合金溶液，厚度约 $300\mu m$；阳极电流接线柱，用树脂瓶等及锌板固定在喷射膜上，并在其上也喷锌-铝合金膜；5）对金属喷射皮膜，全面进行着色封闭处理。阳极的电流接线柱，钢筋导电接线柱，校准电极的配线，通过配管与配电箱连接，然后通电，无电流计与电压计与箱内的接线柱相连，测定防腐蚀电流、电位和去极量等的电化学防腐蚀特性。

3. 施工记录照片

施工记录照片如图 12-39、图 12-40 所示。

该工法曾用于预应力钢筋混凝土桥梁修补，仅有 3~5 项工程的记录。

图 12-39　阳极设置状况

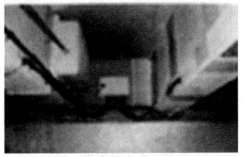

图 12-40　修补后

12. 12　导电砂浆方式

导电砂浆方式的概念图及构造图如图 12-41 所示。

1. 特征

1) 由镍金属被覆的、含有碳纤维的砂浆层,作为二次阳极,防腐蚀电流从二次阳极流向钢筋,具有优良的均匀性。2) 二次阳极(导电性纤维掺入砂浆)喷涂施工而成,施工性能优良。3) 不需要选择特定部位,部分地方修补也容易。4) 二次阳极粘结性很好。5) 需要美观时,可在二次阳极上表面涂层。6) 稍微增加了结构的荷载。

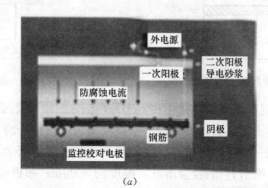

(a)

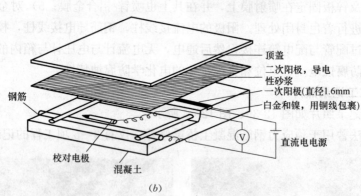

(b)

图 12-41　导电性砂浆方式概念图与构造图

(a) 概念图;(b) 构造图

2. 施工概要

施工概要如图 12-42 所示。

1) 混凝土表面要处理,使与二次阳极有良好粘结性能;

2) 一次阳极(ϕ1.6mm 白金,镍被覆铜线)安放在混凝土表面,用胶粘剂或塑料钉固定；

　　3）二次阳极（导电性纤维掺入砂浆）的施工；

　　4）如要美观些，可在面层再喷涂料。

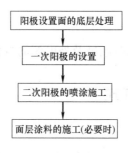

图 12-42　施工流程

3. 施工照片

施工记录照片如图 12-43～图 12-45 所示。

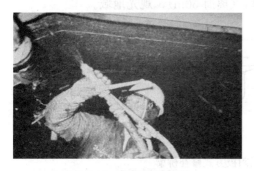

图 12-43　阳极设置状况

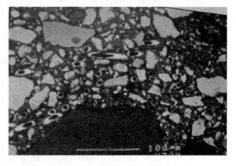

图 12-44　导电性纤维

图 12-45　修补后的桥梁

导电砂浆方式的电化学防腐蚀工法在国内外应用较少。

第13章　电化学防腐蚀的工程应用的实例

本章将介绍不同形式的临时阳极及外电源的电化学保护技术。

13.1　钛金属网阳极方式

1. 结构物的履历

（1）结构物的类型与构件：已建 PC 桥梁、桁架；

（2）修补年：施工建成后约 20 年；

（3）修补面积：3750m²；

（4）结构物所处环境条件：海岸地域（离海 50m），观光地域。

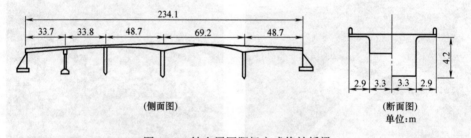

(侧面图)　　　　　　　　　　　　　　(断面图)
单位：m

图 13-1　钛金属网阳极方式修补桥梁

2. 损伤状况和损伤原因

在结构物混凝土的表面上，呈现出许多锈斑，内部钢筋已锈蚀，混凝土保护层沿着钢筋位置开裂、损伤。该结构物位于日本海沿岸，整年都受海风的作用。混凝土的这些损伤都是由于海风飞来，海盐作用造成的。盐害使内部钢材产生腐蚀。

3. 修补目的与方法

目的是为了抑制钢筋的腐蚀，提高该混凝土结构的耐久性；希望通过维修以后，该结构具有较长的使用年限。而且该结构处于观光地区，也要考虑到周围环境的景观。采用对抑制盐害有效的电化学防腐蚀工法，钛金属网阳极方式。如图 13-2 所示。

4. 修补概况

（1）防腐蚀方式：外部直流电源钛金属网阳极方式；

（2）防腐蚀基准：电位变化值 100mV 以上；

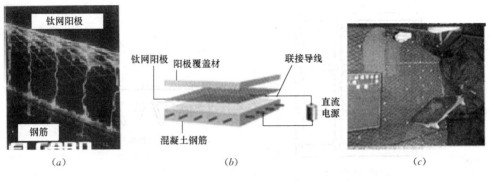

图 13-2　钛网阳极的施工应用

(a) 防腐蚀电流输入钢筋；(b) 钛网防腐蚀构造图　(c) 钛网阳极覆盖施工

(3) 通电方式：定电流方式；

(4) 电路数量和每组电路防腐蚀面积：15 条电路，$100 \sim 300 m^2/$电路；

(5) 预埋设校正电极的种类和每个电路所需预埋设量：2 个/电路；

(6) 电源装置容量：30V/20A；

(7) 初期设定的防腐蚀电流密度和现在的设定值

初期设定值：$5 \sim 15 mA/m^2$；

现在值：$2 \sim 5 mA/m^2$。

5. 维护管理

(1) 电化学防腐蚀装置的保护与管理

通过远距离监控系统进行经常的监控。

(2) 电化学防腐蚀效果的确认

通过远程监控系统，自动确认电化学防腐蚀效果，并在其结果基础上，调整阳极电流。

(3) 检查结果与判断

工程完成后，经过 3 年，无异常现象，质量良好。

13.2　板状阳极方式

1. 结构物的履历

(1) 结构物的类型与构件：已有建设的钢筋混凝土码头，面板及桁架；

(2) 修补年月：竣工使用后约 30 年；

(3) 修补面积：$571 m^2$；

(4) 结构所处的环境条件：海岸地域（离海岸线约 50m）。

修补的结构物概要如图 13-3 所示。

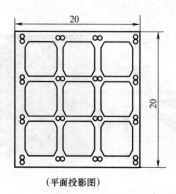

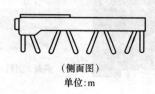

（侧面图）
单位:m

（平面投影图）

图 13-3　修补的结构物概要

2. 结构物损伤的状况及损伤原因

要维修的结构物处于离海岸线 50m 处，使用经过了 30 年，混凝土已发生剥落和剥离；根据调查结果，在主筋背面混凝土氯离子浓度超过了 $5kg/m^3$，从浓度分布状况来看，是由于海水中的盐分伴着海风，吹到结构物混凝土表面，再扩散渗透到钢筋表面，使钢筋发生腐蚀，这是盐害造成的损伤破坏。

3. 修补目的和修补方法

如果只是进行断面修复，还会由于钢筋腐蚀再劣化，使结构继续受到损伤。作为盐害造成结构损伤的修补工法，应采用电化学防腐蚀工法。考虑到该工程要大规模的断面修复，和处于涨潮退潮部分的施工，采用工厂预制的板式阳极系统，如图 13-4 所示。断面修复和阳极系统一体化施工，工期可缩短，而且施工方便。

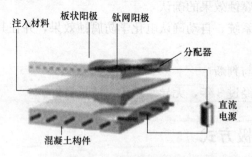

图 13-4　钛网板状阳极

4. 修补概要

（1）防腐蚀方式：外部电源，板式临时阳极方式；

（2）防腐蚀基准：电位变化值 100mV 以上；

（3）通电方式：恒电压方式；

（4）电路数目和每组电路防腐蚀面积：2 条电路，每条电路所能管控防腐蚀面积，一条为 271m²，另一条为 300m²；

（5）预埋校对电极的种类及每条线路的数量：铅校核电极，每条电路 4 个；

（6）电源装置容量：20V/10A；

（7）防腐蚀电流设定值

初期值：3.0～3.2V（16～20mA/m²）；

现在值：2.4～3.6V（10～17mA/m²）。

5. 维护管理

（1）防腐蚀装置的管理（项目、方法及检查频度）：电源装置的检查和通电调整，每年 4 次；

（2）电化学防腐蚀效果的确认：通过远程监控系统，去确认电化学防腐蚀效果，并在其结果基础上，调整阳极电流；

（3）检查与判断：经过 2 年，无异常现象，良好。

13.3 导电性涂料方式

1. 结构物的履历

（1）结构物的类型与构件：已有建设的钢筋混凝土桥，面板及桁架；

（2）修补年月：竣工使用后约 35 年；

（3）修补面积：240m²；

（4）结构所处的环境条件：海岸地域（离海岸线约 200m），寒冷地区。

修补的结构物概要如图 13-5 所示。

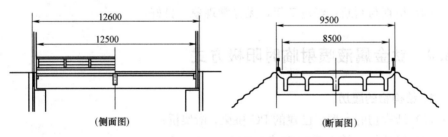

图 13-5　修补的结构物概要图

2. 结构物损伤的状况及损伤原因

要维修的结构物处于日本海侧面的海岸地域，在冬季，该地域特有的强风，使海水中的盐分，伴着海风吹到结构表面，再扩散渗透到钢筋表面，氯离子浓度超过了 7kg/m³，使钢筋发生腐蚀，混凝土保护层开裂，并有多处翘起剥落，这是盐害造成的损伤破坏。

3. 修补目的和修补方法

该结构物位于主要交通干线上，希望修补后使用的年限较长，耐久性有明显的提高，这是其修补的主要目的。盐害是其劣化的主要原因，故修补时采用电化学防腐蚀工法是适当的。电化学防腐蚀工法中，选用导电涂料的方式，修补时的荷载较小，对结构物不增加荷载。

4. 修补概要

（1）防腐蚀方式：外部电源，导电性涂料临时阳极方式；

（2）防腐蚀基准：电位变化值 100mV 以上；

（3）通电方式：恒电压方式；

（4）电路数目和每组电路防腐蚀面积：4 条电路，所能管控防腐蚀面积，每条电路 60m²；

（5）预埋校对电极的种类及每条线路的数量：铅校核电极，每条电路 2 个；

（6）电源装置容量：20V/3A×4 条线路；

（7）防腐蚀电流设定值

初期值：5～7mA/m²；

现在值：2～6 mA/m²。

5. 维护管理

（1）防腐蚀装置的管理（项目、方法及检查频度）：电源装置的检查和通电调整，每年 1 次；

（2）电化学防腐蚀效果的确认：电化学防腐蚀电流 60mA，电源电压 3.5V，现在电位值－360mV（vs VSE），去极量 100mV；

（3）检查与判断：经过 7 年，无异常现象，良好。

13.4 钛金属液喷射临时阳极方式

1. 结构物的履历

（1）结构物的类型：已建的 PC 桥梁，桁架桥；

（2）修补年：竣工后约 20 年；

（3）修补面积：400m²；

（4）结构物所处的环境条件：与住宅相邻地域的海岸环境，离海约 30m，结构物的概要如图 13-6 所示。

2. 结构物损伤的状况及损伤原因

该结构物位于太平洋侧的海岸地域，竣工后约经过 20 年，冬季刮强风，海盐随风飘到结构表面，扩散渗透入混凝土中。调查结果，钢筋表面氯离子含量在 1.2kg/m³ 以上，超过了使钢筋锈蚀的极限值；结构表面发现多处锈斑，开裂，保

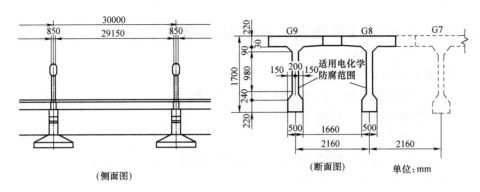

图 13-6 修补结构物概要图

护层浮起；在此次修补前，曾用断面修复和表面喷涂工法，进行了修补，但又发生了多次类似的劣化，认为盐害是主要原因。

3. 修补目的和修补方法

从已有的修复效果看，断面修复和表面喷涂工法，不能抑制腐蚀的进行，为了进一步试验，采用了电化学防腐蚀工法。电化学防腐蚀工法选定的时候，考虑到恒荷载的增加少，结构物修补时省工，采用钛金属溶液喷射方式的临时阳极。

4. 修补概要

（1）防腐蚀方式：外部电源，钛金属溶液喷射方式的阳极；

（2）防腐蚀基准：电位变化值 100mV 以上；

（3）通电方式：恒电压方式；

（4）电路数目和每条电路防腐蚀面积：2 条电路，所能管控防腐蚀面积，每条电路 200m²；

（5）预埋校对电极的种类及每条线路的数量：二氧化锰校核电极，每条电路 2 个；

（6）电源装置容量：20V/10A；

（7）防腐蚀电流设定值

初期值：10mA/m²；

现在值：5mA/m²。

5. 维护管理

（1）防腐蚀装置的管理（项目、方法及检查频度）：电源装置的检查和通电调整，每年 4 次；

（2）电化学防腐蚀效果的确认：电化学防腐蚀电流 1.0A，电源电压 2.6V，去极量 200～280mV；

（3）检查与判断：经过 1 年后检查，无异常现象，良好。

13.5　钛-锌金属液喷射方式的临时阳极

1. 结构物的履历

（1）结构物的类型：已建的 PC 桥梁，桁架；

（2）修补年：竣工后约 30 年；

（3）修补面积：2860m²；

（4）结构物所处的环境条件：海岸地域的环境，离海约 100m。

结构物的概要如图 13-7 所示。

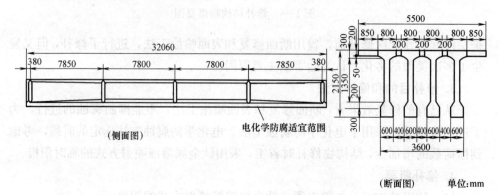

图 13-7　结构物的概要

2. 结构物损伤的状况及损伤原因

该结构物位于日本海侧的海岸地域，竣工后约经过 30 年，冬季刮强风，海盐随风飘到结构表面，扩散渗透入混凝土中，调查结果，钢筋表面氯离子含量在 1.2kg/m³ 以上，超过了使钢筋锈蚀的极限值。结构表面发现多处锈斑，开裂，保护层浮起，认为盐害是腐蚀主要原因。

3. 修补目的和修补方法

过去已有的修复工法不能抑制腐蚀的进行。为了进一步试验，抑制钢筋腐蚀，采用了电化学防腐蚀工法。电化学防腐蚀工法的选定，考虑到恒荷载的增加少，结构物修补时省工，故采用钛金属与锌金属溶液喷射方式的阳极。

4. 修补概要

（1）防腐蚀方式：外部电源，钛金属与锌金属溶液喷射方式的临时阳极；

（2）防腐蚀基准：电位变化值 100mV 以上；

（3）通电方式：恒电压方式；

（4）电路数目和每电路防腐蚀面积：1 条电路，所能管控防腐蚀面积 286m²；

（5）预埋校对电极的种类及每条线路的数量：二氧化锰校核电极，每条电路 6 个；

（6）电源装置容量：35V／10A；

（7）防腐蚀电流设定值

初期值：10mA/m^2；

现在值：3mA/m^2。

5. 维护管理

（1）防腐蚀装置的管理（项目、方法及检查频度）：电源装置的检查和通电调整，每年 4 次；

（2）电化学防腐蚀效果的确认：电化学防腐蚀电流 1.0A，电源电压 1.4V，去极量 275～411mV；

（3）检查与判断：经过 2 年后检查，无异常现象，良好。

13.6　钛金属网阳极方式

1. 结构物的履历

（1）结构物的类型：新建的 PC 桥梁，桁架；

（2）修补年：新建时，实行预防保护措施的对策；

（3）修补面积：428m^2；

（4）结构物所处的环境条件：海岸地域的环境，离海约 50m。

结构物的概要如图 13-8 所示。

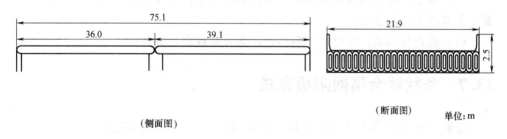

（侧面图）

（断面图）

单位：m

图 13-8　结构物的概要

2. 结构物损伤的状况及损伤原因

该结构物位于日本海侧的海岸地域，在日本国内也是有数的盐害地区，在该地区周边，结构物因盐害受到了严重劣化损伤。该结构物在建设过程中，采用电化学保护技术，作为预防盐害的对策。

3. 修补目的和修补方法

作为预防盐害与保护混凝土结构，有表面涂层覆盖工法和电化学防腐蚀工法的选择，经过研究比较之后，选用电化学防腐蚀工法较好。作为阳极系统，采用

钛金属网的方式，如图 13-9 在结构制作时，
模具内侧安放钛金属网阳极，然后浇筑构件的
混凝土，就同时一体化制作出来了。

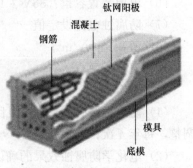

4. 修补概要

（1）防腐蚀方式：外部电源，钛金属网的
阳极方式；

（2）防腐蚀基准：电位变化值 100mV
以上；

（3）通电方式：恒定电流方式；

图 13-9　新建结构的钛金属网阳极

（4）电路数目和每电路防腐蚀面积：1 条电路，所能管控防腐蚀面
积 428m²；

（5）预埋校对电极的种类及每条线路的数量：铅校核电极，每条电路 4 个；

（6）电源装置容量：30V/10A；

（7）防腐蚀电流设定值

初期值：10mA/m²；

现在值：2～5mA/m²。

5. 维护管理

（1）防腐蚀装置的管理（项目、方法及检查频度）：根据远距离监控系统，
经常监控；

（2）电化学防腐蚀效果的确认：根据远距离监控系统，自动去极量试验确认
其结果基础上，调整电流；

（3）检查与判断：经过 1 年后检查，无异常现象，良好。

13.7　条状钛金属网阳极方式

条状钛金属网阳极如图 13-10 所示，阳
极为钛网条带，上覆盖网带模具，并注入填
充料，与钛金属网阳极固定。

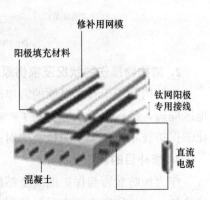

1. 结构物的履历

（1）结构物的类型：新建的 PC 桥梁，
PC 简单桁架梁；

（2）修补年：竣工后 15 年；

（3）修补面积：160m²；

（4）结构物所处的环境条件：海岸地域
的环境；

图 13-10　钛网条带阳极

结构物的概要如图 13-11 所示。

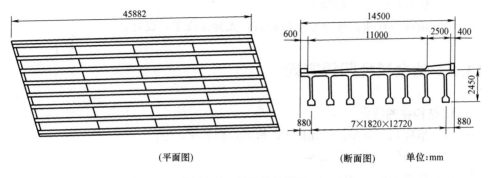

(平面图)   (断面图)   单位:mm

图 13-11 结构物的概要

2. 结构物损伤的状况及损伤原因

该结构物位于日本海侧的海岸地域，竣工 12 年后，实施跟踪调查，其结果，位于靠山这一侧，主桁架无保护表面涂层，在钢筋位置处，氯离子含量趋过了 $3kg/m^3$，结构物表面有锈汁、开裂与剥落。一致认同这是由于盐害而使结构物产生的变态。

3. 采用电化学防腐蚀工法的原因

靠山一侧的 4 榀主桁架已有大量的盐分渗入，结构表面虽有涂刷保护，但内部的钢材已受到了腐蚀。即使将盐分渗透入的部分混凝土除去，那么，这种预应力混凝土结构的安全性就会受到影响。另一方面虽然钢材已受到了腐蚀，为了保证其承载能力，也没有发现其采用含有聚合物的材料修补过。因此，采用电化学防腐蚀工法进行修补是适用的最有效的。但是，为了不增加结构的死荷载，在防腐蚀处的钢材处采用钛金属网带状阳极是合理的。

4. 修补概要

（1）防腐蚀方式：外部电源，钛金属网带状阳极的方式；

（2）防腐蚀基准：电位变化值 100mV 以上；

（3）通电方式：恒定电流方式；

（4）电路数目和每电路防腐蚀面积：2 条电路，所能管控防腐蚀面积 $80m^2$/条；

（5）预埋校对电极的种类及每条线路的数量：铪、银合金校核电极，每条电路 2 个以上；

（6）电源装置容量：24V/15A；

（7）防腐蚀电流设定值：$7mA/m^2$。

5. 维护管理

（1）防腐蚀装置的管理（项目、方法及检查频度）：外观观察，通电电压，电流测定值和钢材的电位测定值；

（2）检查频度：2 次/年；

（3）检查与判断：经过 5 年检查后，无异常现象，良好。

13.8　钛金属杆阳极方式

1. 结构物的履历

（1）结构物的类型：已建的 PC 桥梁，桁架梁；

（2）修补年：竣工后 35 年；

（3）修补面积：310m^2；

（4）结构物所处的环境条件：海岸地域的环境，离海岸 50m。

结构物的概要如图 13-12 所示。

2. 结构物损伤的状况及损伤原因

该结构物位于日本海侧的海岸地域，竣工 33 年后，受当地海风的影响，由事前调查结果可知，混凝土中氯离子含量最大值达 6kg/m^3，结构物表面有锈汁、开裂与剥落。一致认同这是由于盐害而使结构物产生的变态。采用电化学防腐蚀工法是适宜的，有效的。

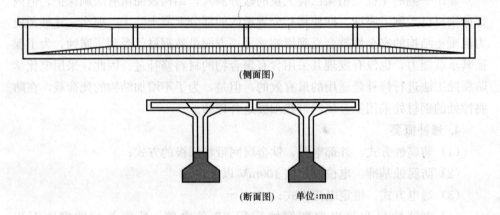

（侧面图）

（断面图）　单位:mm

图 13-12　修补的结构物概要

3. 修补的目的和修补方法

抑制钢筋腐蚀，提高结构的耐久性。在该结构物进行主桁架修补的同时，进行混凝土劣化部分的修补。采用电化学防腐蚀工法是适宜的、有效的。

4. 修补概要

（1）防腐蚀方式：外部电源，钛金属杆阳极方式；

（2）防腐蚀基准：电位变化值 100mV 以上；

（3）通电方式：恒定电流方式；

（4）电路数目和每电路防腐蚀面积：6 条电路，所能管控防腐蚀面积 $50m^2$/条；

（5）预埋校对电极的种类及每条线路的数量：二氧化锰校核电极，每条电路 2 个；

（6）电源装置容量：15V/2.5A；

（7）防腐蚀电流设定值

初始值：$10mA/m^2$；

现在值：$7mA/m^2$。

5. 维护管理

（1）防腐蚀装置的管理（项目、方法及检查频度）：外观观察及远距离监控，2 次/年；

（2）电化学防腐蚀效果的确认：根据远距离监控系统，自动去极量试验，确认其结果基础上，调整电流；

（3）检查与判断：经过 3 年检查后，无异常现象，良好。

13.9　锌板阳极方式

1. 结构物的履历

（1）结构物的类型：已建的 RC 码头，面板；

（2）修补年：竣工后 20 年；

（3）修补面积：$1691m^2$；

（4）结构物所处的环境条件：海湾内海上。

结构物的概要如图 13-13 所示。

2. 结构物损伤的状况及损伤原因

该结构物位于太平洋侧的海湾内，竣工 20 年后，受当地海风的影响，由海风带来海盐粒子，扩散渗透进入混凝土中，氯离子含量 $1.2kg/m^3$ 以上；结构物表面有锈汁、开裂与剥落。由于盐害而使结构物发生劣化变态。曾进行过电化学防腐蚀工法应用试验，并确认了其效果。

3. 修补的目的和修补方法

进行混凝土劣化部分的修补，以及表面涂层保护，均抑制不了腐蚀的进行。在采用电化学防腐蚀工法试验的基础上，选择了锌板阳极的方式（内部电流方式），不用外接电源装置，维护管理也简单。

4. 修补概要

（1）防腐蚀方式：内部电流，牺牲阳极的锌板方式；

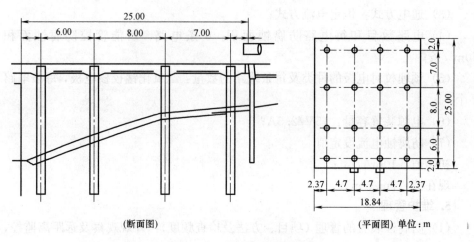

图 13-13　修补的结构物概要

（2）防腐蚀基准：电位变化值 100mV 以上；

（3）通电方式：内部电流方式；

（4）电路数目和每电路防腐蚀面积：主要是安放锌板阳极，无外部电源及线路，$2\sim3m^2$/每个锌板阳极；

（5）预埋校对电极的种类及每条线路的数量：银与氯化银校核电极，每跨 2 个；

（6）电源装置容量：无；

（7）防腐蚀电流设定值

初始值：$22mA/m^2$；

现在值：$3mA/m^2$。

5. 维护管理

（1）防腐蚀装置的管理（项目、方法及检查频度）：外观观察及远距离监控，1 次/年；

（2）电化学防腐蚀效果的确认（电源电压，去极量）：防腐蚀电流 1A，去极量 $138\sim253mV$；

（3）检查与判断：经过 10 年检查后，无异常现象，良好。

13.10　锌-铝合金熔融喷射方式的阳极

1. 结构物的履历

（1）结构物的类型：已建的 RC 桥梁，桁架；

（2）修补年：竣工后 25 年；

（3）修补面积：23m²；

（4）结构物所处的环境条件：在海域内，离日本海 80m。

结构物的概要如图 13-14 所示。

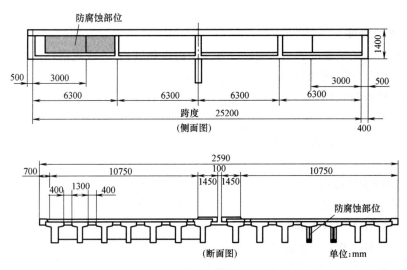

图 13-14　要修补的结构物概况

2. 结构物损伤的状况及损伤原因

结构物处于日本海侧的海岸地域，竣工后经过了 25 年；在冬季，该地区特有的强风将海盐刮到混凝土结构表面，再扩散渗透进入混凝土中。修补前调查，钢筋的电位 350mV（vs CSE）以下，说明了混凝土中的钢筋腐蚀了。此外，由于钢筋腐蚀，混凝土保护层开裂、鼓起和剥离等损伤状态，这种劣化是由于盐害造成的。

3. 修补的目的和修补方法

电化学防腐蚀工法主要是外部电源方式；但是，施工费用低和管理运行费用低，对于复杂形状的混凝土结构物也适用的内部电流方式，也希望能开发起来，故采用锌-铝合金熔融喷射方式的阳极进行试验应用。

为了保证喷射膜和混凝土紧密粘结，在混凝土表面涂布一种粗糙面形成的材料，然后喷射在常温下可能溶射的合金材料，锌-铝合金熔融喷射材料。

4. 修补概要

（1）防腐蚀方式：内部电流，锌-铝合金喷射方式；

（2）防腐蚀基准：电位变化值 100mV 以上；

（3）通电方式：金喷射皮膜的内部电流方式；

（4）电路数目和每电路防腐蚀面积：6 条线路，4m²/条；

（5）预埋校对电极的种类及每条线路的数量：氧化锰校核电极，1～2 个/每条线路；

　　（6）防腐蚀电流设定值

初始值：$10\sim13\text{mA/m}^2$；

3 年后：$0.6\sim2.2\text{mA/m}^2$。

5. 维护管理

　　（1）防腐蚀装置的管理（项目、方法及检查频度）：外观观察，3 次/年；

　　（2）电化学防腐蚀效果的确认：去极量 $170\sim350\text{mV}$；

　　（3）检查与判断：经过 4 年检查后，无异常现象，良好。

13.11　导电性砂浆方式

1. 结构物的履历

　　（1）结构物的类型：已建的 RC 桥梁，RC 面板；

　　（2）修补年：竣工后 53 年；

　　（3）修补面积：1700m^2；

　　（4）结构物所处的环境条件：内陆地域。

结构物的概要如图 13-15 所示。

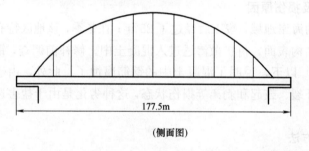

（侧面图）

（断面图）　单位：m

图 13-15　修补结构物概要图

2. 结构物损伤的状况及损伤原因

　　该结构物位于欧洲荷兰的内陆部，是第二次世界大战前建造的桥梁，冬季路面受冻，为了交通安全，大量撒布了除冰盐，氯离子扩散渗透进入混凝土中，使钢筋受到了腐蚀。

3. 修补的目的和修补方法

　　该结构物预计今后还使用 20 年，抑制钢筋的腐蚀是其维护修补的目的。选定维修方法时，考虑到今后使用年数较长，选用电化学防腐蚀工法，而且不会增加浇捣的荷载，或者增加荷载不大的工法，施工也要简便，成本低，故选用了导电砂浆的方式。

　　阳极系统设置在桥面板上，其后铺装了沥青混凝土。

4. 修补概要

(1) 防腐蚀方式：外部电流，锌-铝合金喷射方式；

(2) 防腐蚀基准：电位变化值 100mV 以上（80～150mV 以内）；

(3) 通电方式：定电压方式；

(4) 电路数目和每电路防腐蚀面积：6 条线路，285m²/条；

(5) 预埋校对电极的种类及每条线路的数量：氧化锰校核电极，4 个/每条线路；

(6) 电源装置容量：10V；

(7) 防腐蚀电流设定值

初始值：$3.5\sim5\mathrm{mA/m^2}$；

现在值：$3.5\sim5\mathrm{mA/m^2}$（1.298～2.069V/电路）。

5. 维护管理

(1) 防腐蚀装置的管理 (项目、方法及检查频度)：遥控监视系统，初期 1 次/2 周，以后 1 次/3 个月；

(2) 电化学防腐蚀效果的确认：去极量 80～250mV（平均 100mV 以上）；

(3) 检查与判断：经过 3 年检查后，无异常现象，良好。

第14章 内部电流（牺牲阳极）的电化学保护与应用

混凝土结构处于正常工作条件下，其中的钢筋由于表层钝化膜，及混凝土的碱性保护，是不会受到腐蚀的。混凝土是强碱性物质，pH 值＝12.6～13，钢筋是受到保护的。但如果由于混凝土受中性化作用，使 pH 值降低 10 时，钢筋会发生锈蚀。在氯盐环境下，氯离子在钢筋表面的含量达到某一极限值后，使钢筋表面的钝化膜破坏，产生孔蚀，在空气和水的作用下，形成宏观电池的腐蚀，使混凝土结构逐步劣化破坏。

14.1 混凝土中钢筋的电化学腐蚀

混凝土结构中的钢筋，由于中性化而失去了碱性保护，表面的钝化膜层就会逐渐出现损伤，或是由于环境的盐害作用，氯离子大量的聚集于钢筋表面，也使表面的钝化膜层损伤开裂。首先在钢筋上发生微电池腐蚀，逐渐扩大，形成宏观电池腐蚀。这就是混凝土中钢筋的电化学腐蚀，如图 14-1 所示。

在钢筋损伤的部分为微阳极，放出电子，产生电流，流向钢筋的健全部分（微阴极）。

在微阳极上，铁原子失去电子变为离子

$$Fe-2e^- \longrightarrow Fe^{2+}$$

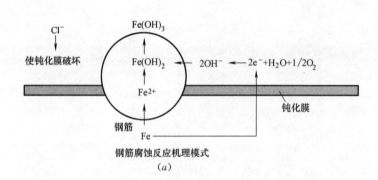

图 14-1 钢筋的电化学腐蚀及外电源装置防腐蚀原理（一）
(a) 混凝土中钢筋的腐蚀反应模式

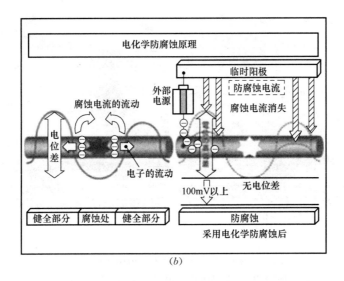

(b)

图 14-1 钢筋的电化学腐蚀及外电源装置防腐蚀原理（二）

(b) 腐蚀反应与外电源装置防腐蚀模式

在微阴极上，氢离子得到电子变为氢原子，或氧分子得到电子变为 OH^-

$$2H^+ + 2e^- \longrightarrow H_2$$

$$1/2O_2 + 2e^- + H_2O \longrightarrow 2OH^-$$

腐蚀产物：
$$3Fe^{2+} + 6OH^- \longrightarrow 3Fe(OH)_2$$

图 14-1 左边部分发生上述化学反应，使钢筋产生腐蚀，也即钢筋损伤部分为阳极（负极），钢筋的健全部分为阴极（正极），腐蚀电流由阳极（负极），流向阴极（正极）。在微电池腐蚀中，阳极过程就是金属的腐蚀过程。如果在混凝土结构表面上，安放一个临时阳极，与外部直流电源的阳极相接，而混凝土中的钢筋则与直流电源的阴极相接，这样，直流电流就通过临时阳极经过混凝土流入钢筋，当从直流电源输入钢筋的电流等于或大于原来的腐蚀电流时，钢筋的腐蚀电流就停止了，也即腐蚀就停止了。也就是说，原来钢筋损伤处的电位与健全部分的电位就没有电位差了，故腐蚀电流就停止了。如图 14-1 中的右边所示，这是用外部直流电源供给电流，再通过临时阳极输入钢筋损伤处（阳极），使原来的腐蚀电流停止，以达到防腐蚀的目的。

如果把临时阳极系统和外电源撤除，在钢筋附近设置一个锌金属阳极，由于锌金属比钢要活泼，这样，钢材与锌金属组成腐蚀电池。活泼金属锌比钢材的电位较负，电子从阳极流向阴极，使钢筋得到保护。如图 14-2 所示。

这种利用锌金属板为阳极，使钢筋得到保护，是用锌金属的腐蚀溶解来达到保护阴极的钢筋，即是用牺牲掉的阳极材料，保护着被保护的钢筋混凝土构件，称为牺牲阳极的电化学保护技术。

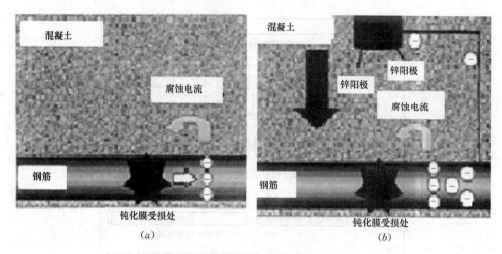

图 14-2　钢筋混凝土中设置锌板阳极前后比较
(*a*) 钢筋受电化学腐蚀状况；(*b*) 锌阳极输出电流钢筋受保护

14.2　牺牲阳极的电化学保护技术的应用

牺牲阳极的电化学保护技术可用于新建的钢筋混凝土结构，也可用于已有的钢筋混凝土结构，以提高结构的使用寿命。

在日本，早在 10 多年前就进行了牺牲阳极的电化学保护技术研究与应用。加拿大采用牺牲阳极的电化学保护技术应用于新建的混凝土结构中。

1. 牺牲阳极的结构与外观

外观如图 14-3 所示。锌合金片与导线相连，锌片还用活性胶凝材料封住，周边有凹槽。型号为 1A-2G 流量的小型锌合金阳极。

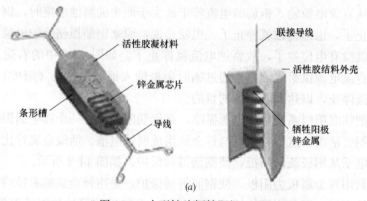

(*a*)

图 14-3　小型锌片牺牲阳极（一）
(*a*) 加拿大 Vector 公司生产的小型锌片阳极（XP4，GCC）

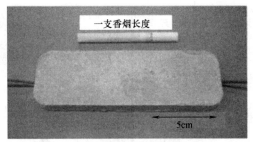

小型牺牲阳极尺度大小

(b)

图 14-3　小型锌片牺牲阳极（二）

(b) 日本的小型牺牲阳极

加拿大生产的小型锌片牺牲阳极（XP4，GCC），按其对防腐蚀情况可分为三类，如表 14-1 所示。

小型锌片牺牲阳极（XP4）的分类　表 14-1

防腐蚀水平	说明	牺牲阳极 XP/XPT	XP2/XP4
预防腐蚀	缓和新的腐蚀作用	预防腐蚀	预防腐蚀
控制腐蚀	降低腐蚀速度		控制腐蚀
阴极保护	使腐蚀处于极限状态		

XP 系列产品符合 ACI562-13，第 8.4.1 条的标准，具体规格尺寸如表 14-2 所示。

XP 系列产品详细内容　表 14-2

阳极名称	阳极型号	一般尺寸(mm)	锌的质量(g)
XPT	TA-P	125mm×25mm×25mm	60
XP	TA-P	65mm（直径）×30mm	60
XP2	TA-C	70mm×65mm×30mm	100
XP4	TA-C	110mm×55mm×30mm	100

1—在维修时埋入；2—在正常混凝土中埋入；A—pH 值高碱活性混凝土中应用；H—高盐害环境下应用；P—预防腐蚀；C—控制腐蚀。

2. 在混凝土结构中，小型牺牲阳极对钢筋的保护

在混凝土施工时，在钢筋上是否安放小型牺牲阳极，钢筋锈蚀情况，可见图 14-4。没有设置小型阳极处的钢筋，由于氯离子密集，超过了极限值，使钢筋产生腐蚀。而预先设置小型阳极后，锌金属小型阳极的电位比钢筋低，钢筋与小型阳极产生电位差，电流由锌金属阳极流向钢筋，抑制了腐蚀电流的发生，使腐蚀停止。

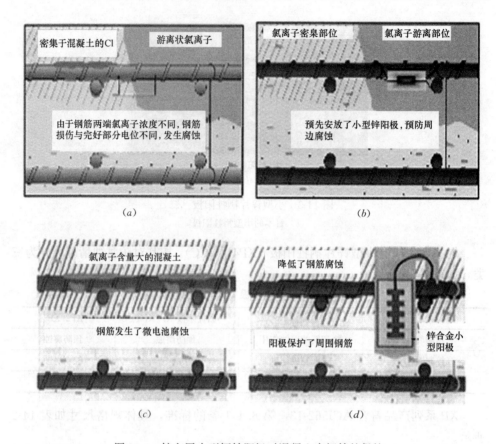

图 14-4　锌金属小型牺牲阳极对混凝土中钢筋的保护

(a) 未安放牺牲阳极的腐蚀；(b) 安放小型牺牲阳极的状况；

(c) 氯离子对钢筋腐蚀；(d) 混凝土中小型阳极保护钢筋

　　日本鹿岛公司的研究也证明了这一点。安放小型阳极处的钢筋，预防电化学腐蚀的效果很好，但超过了小型阳极保护范围的钢筋，就会发生腐蚀。

图 14-5　小型阳极与预防腐蚀的效果

(a) 没有放置小型阳极的钢筋；(b) 放置小型阳极保护的钢筋

14.3　小型阳极 XP 系列产品及应用

加拿大 XP 系列产品根据混凝土中氯离子含量不同，应用不同，如表 14-3、表 14-4 所示。

低中等腐蚀（Cl⁻含量＜0.3%或中性化混凝土）　　　　　　表 14-3

防腐蚀水平	预防腐蚀						控制腐蚀			
阳极类型	XP 或 XPT		XP2		XP4		XP2		XP4	
与钢密度比	mm	in	mm	in	mm	in	mm	in	mm	in
＜0.3	750	30	750	30	750	30	600	24	750	30
0.31-0.6	600	24	700	28	750	30	500	20	700	28
0.81-0.9	500	20	650	26	750	30	400	16	550	22
0.91-1.2	450	18	550	22	750	30	350	14	450	18
1.21-1.5	400	16	500	20	675	27	250	10	425	17
1.51-1.8	350	14	450	18	600	24	200	8	375	15
1.81-2.1	300	12	425	17	550	22	175	7	350	14

高腐蚀（Cl⁻含量＜0.3%～1.5%的混凝土）　　　　　　表 14-4

防腐蚀水平	预防腐蚀						控制腐蚀	
阳极类型	XP 或 XPT		XP2		XP4		XP4	
与钢密度比	mm	in	mm	in	mm	in	mm	in
＜0.3	600	24	750	30	750	30	600	24
0.31-0.6	500	20	600	24	700	28	500	20
0.81-0.9	400	16	500	20	650	26	400	16
0.91-1.2	350	14	450	18	550	22	350	14
1.21-1.5	250	10	400	16	500	20	250	10
1.51-1.8	200	8	350	14	450	18	200	8
1.81-2.1	175	7	300	12	425	17	150	6

注：氯离子含量是指对混凝土中水泥的百分比。

14.4　在新建混凝土结构中的应用

图 14-3（a）所示小型阳极 为加拿大 Vector 公司的产品，该公司生产的 XP 系列产品有三种类型：（1）预防腐蚀型，可用于新建钢筋混凝土结构，预防钢筋腐蚀；（2）控制腐蚀型，降低已建钢筋混凝土结构中钢筋的腐蚀速度；（3）保护阴极，使腐蚀速度降低到极限状态。

小型阳极在混凝土结构中的安放方式如图 14-6～图 14-8 所示。

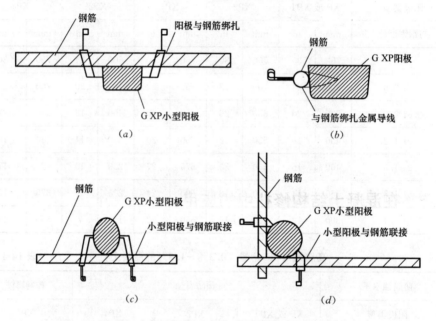

图 14-6　小型阳极在混凝土结构中的安放方式

（a）在钢筋下面；（b）与钢筋同水平面上；（c）在钢筋上面；（d）在角头处

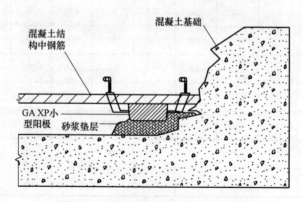

图 14-7　小型阳极在施工应用中实例

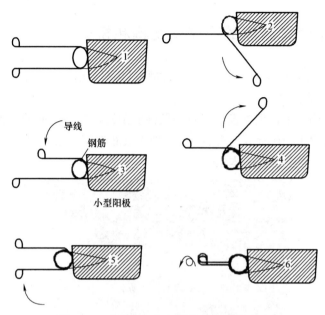

图 14-8 小型阳极与钢筋的不同联结方法

14.5 在混凝土结构修补中的应用

锌金属阳极用于海洋工程混凝土的修补中, 显得更方便有效, 如图 14-9 所示。将锌金属阳极预埋在纤维水泥壳中, 包裹受氯离子侵蚀的混凝土结构。锌金属比钢筋活性大, 电位更负, 产生防腐蚀电流流入钢筋, 抑制了钢筋的继续腐蚀。但是如果该结构修补时, 仅用水泥纤维砂浆包裹该受氯离子侵蚀的混凝土结构, 那么, 被包裹的混凝土中, 因氯离子继续存在, 钢筋仍继续受腐蚀, 如图 14-9 中 (a) 所示。

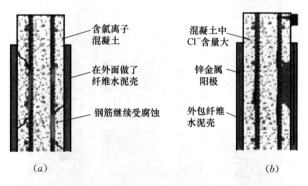

图 14-9 锌金属小型牺牲阳极在混凝土结构修补中应用

(a) 继续腐蚀; (b) 抑制了腐蚀

14.6　用于海洋新建的混凝土结构和桥梁

加拿大 Vector 公司开发了多种形式的牺牲阳极，用于滨海的混凝土结构中。

1. 用于桥梁工程

在混凝土构件中，根据设计布置分散性的阳极，控制钢筋的腐蚀，或预防钢筋的腐蚀，如图 14-10 所示。按照设计，把阳极布置于钢筋上层，然后浇筑混凝土，使阳极与混凝土结构一体化。

图 14-10　牺牲阳极用于桥梁工程

根据阳极形状，电流大小，及其对钢筋保护的要求，锌金属阳极的要求，可满足工程指定的需要。

2. 用在桥梁的柱子上

把制好的阳极与纤维混凝土的套壳安放在一起，然后把钢筋混凝土柱包裹起来，浇筑砂浆或混凝土。锌阳极可保护柱子的钢筋不受腐蚀，或控制腐蚀。

图 14-11　阳极预先安放在混凝土套壳上

3. 用于桥面板

把预制好的锌金属阳极，铺放在桥面板的钢筋上，然后浇筑混凝土，提供内部防腐蚀电流，预防钢筋的腐蚀。

图 14-12　牺牲阳极布置于桥面板的钢筋上层

14.7　效果的评估

日本鹿岛公司研究员对混凝土结构维修的评价时，列举了日本海的某个码头不同工法维修的对比。引述如下：码头所处海域与外观如图 14-13 所示，40 年前施工完成，投入使用后至今已大修了 3 次。采用不同工法维修的维护管理费用与经过年数的关系如图 14-14 所示。

海港码头

图 14-13　混凝土码头与外观

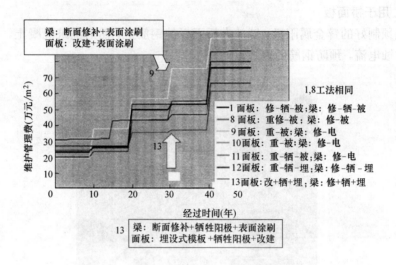

图 14-14　不同工法维修后使用 30 年间的评价

从图 14-14 可见，采用 13 号工法维修管理费用最低。而该编号对面板维修，采用埋设式的模板，也即模板是结构的一部分，不用拆模。改建时牺牲阳极埋设于混凝土中，对钢筋保护。对钢筋混凝土梁的维修，先对梁的断面维修，埋设锌金属阳极，表面修饰涂抹。这种维修管理的工法，维护管理费用仅为传统维修工法 9 号费用的 1/2 左右。

第15章 混凝土结构的脱盐工法

15.1 原理

通过电子迁移，把混凝土结构中的氯离子迁移到外部，称之为脱盐工法。在混凝土结构物的表面，放置电解质溶液和临时阳极材料，阳极材料不溶解于电解质溶液。临时阳极与混凝土中钢材连成一个电路，并与直流电源连接，通入直流电流，通电量每平方米混凝土表面积约 $1A/m^2$，通电时间约 8 周左右。测定混凝土中的氯离子，达到目标值以后，停止通电，撤去临时安置的阳极。脱盐工法的原理图如图 15-1 所示。

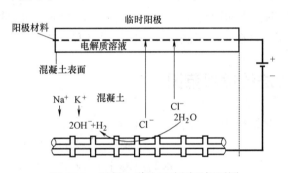

图 15-1 混凝土脱盐工法原理概要图

在混凝土结构的表面，或靠近混凝土结构的旁边，安装阳极，如钛金属板、钛合金板等；和电解质溶液，如 $Ca(OH)_2$，$LiOH$，Li_2CO_3 溶液等，组成的临时阳极，钢筋为阴极，与直流电源的阴极相接。脱盐处理期间，临时阳极和混凝土中的钢材（阴极）之间有直流电流流通，混凝土中的氯离子（阴离子）向临时阳极迁移，全部消除或降低钢材表面的氯离子浓度。使氯离子浓度降低到钢材腐蚀的临界浓度以下，这样，就可能使盐害环境下的钢材表面钝化膜再生，从而提高混凝土结构的耐久性。这就是脱盐工法。脱盐工法排出了混凝土结构中的游离 Cl^-，减轻了盐的腐蚀，如图 15-2 所示。

混凝土中的氯离子，有被水泥固化的氯离子和自由氯离子。当钢筋表面的 Cl^- 浓度（自由氯离子）超过某极限值时，钢筋发生锈蚀，使钢筋混凝土劣化。挪威、英国的规范规定：混凝土中钢筋表面 Cl^- 含量为水泥量的 0.4%。日本规范认为混凝土中 Cl^- 含量为 $0.3kg/m^3$。一般认为混凝土中钢筋表面的氯离子与

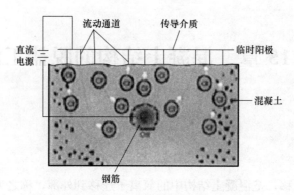

图 15-2　电化学排出混凝土中游离 Cl⁻，减轻了腐蚀

氢氧根离子的比值（Cl^-/OH^-）$\geqslant0.6$ 时，钢筋开始锈蚀。在结构设计时，为了保证结构的耐久性和安全性，在钢筋表面的 Cl^- 浓度，不仅考虑有效 Cl^-，而且还要考虑了固化的 Cl^-，也即考虑混凝土中全部 Cl^- 含量。

　　通过脱盐工法，使混凝土中的氯离子（全氯离子）含量降到 $Cl^-/OH^- <0.6$ 时，就能使得钢材表面钝化皮膜再生。脱盐工法的通电量，通常是 $1A/m^2$ 左右，通电时间约 8 周。在脱盐工法后，把阳极设备移开。

15.2　脱盐工法的适用范围

　　采用脱盐工法对结构物修补时，必须注意以下三个方面：

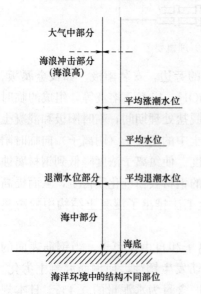

图 15-3　海洋环境的水平

①脱盐工法适用于钢筋混凝土、钢骨架钢筋混凝土及预应力混凝土等各种结构物；②脱盐工法只适用于由于盐害发生性能降低的结构物，或者由于盐害可能使性能降低的结构物；③由于盐害使结构承载能力降低，或盐害与其他劣化因子复合作用下，使结构承载能力降低的情况下，必须首先针对结构物劣化的原因进行修补，改善结构承载能力，最好研究和其他电化学防腐蚀工法组合应用。

　　（1）脱盐工法在结构位于大气中的部分，海浪溅区的部分，以及涨潮退潮的部分（图 15-3），混凝土结构物由于盐害而发生的钢筋腐蚀及性能发生变化的情况下，脱盐工法是适用的，这是最基本的原则。

脱盐工法，除了无筋混凝土之外，凡是含有钢材的混凝土结构物都可适用的，考虑提高混凝土结构物的安全性能，使用性能及美观，景观等的耐久性能，也可采用脱盐工法对混凝土结构物进行维修。

使用高张拉应力的 PC 钢材预应力混凝土，考虑到电流的流动而发生氢气的影响，当然，这种影响十分轻微，但是，脱盐工法完成后，这种影响就脱除了。另外，即使由于电流继续流动，也可以在脱盐工法过程中断断续续地进行，抑制氢气的影响到最小限度。

（2）在混凝土技术标准指示书中的维护管理部分，对混凝土结构物的劣化状态划分等级如表 15-1 及图 15-4 所示。

结构物外观等级与劣化状态　　　　　　　　　　　表 15-1

结构物外观等级	劣 化 状 况
Ⅰ-1 潜伏期	外观上看不出变化,氯离子浓度在腐蚀发生极限浓度以下
Ⅰ-2 进展期	外观上看不出变化,氯离子浓度在腐蚀发生极限浓度以上,钢筋开始腐蚀
Ⅱ-1 加速期前期	发生腐蚀裂缝,可见钢筋锈汁
Ⅱ-2 加速期后期	发生多处腐蚀裂缝,可见钢筋锈汁,保护层剥落
Ⅲ 劣化期	发生多处腐蚀裂缝,裂缝宽度加大,锈汁多处可见,保护层剥离剥裂,变形变位增大

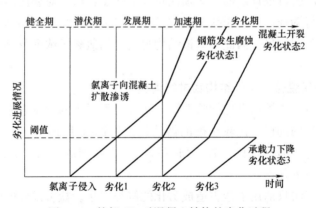

图 15-4　外部 Cl⁻ 对混凝土结构的劣化过程

脱盐工法对劣化等级Ⅰ-2（进展期）和Ⅱ-1（加速期的前期）是适用的，也是推荐使用的。而Ⅰ-1（潜伏期）阶段预防是适用的；Ⅱ-2（加速期的后期）阶段，首先修复断面和其他方法组合使用是可以的。而在海洋环境下不同区域划分可参考图 7-1，在大气中部分，浪溅区部分，和涨潮退潮部分，都可以适用的。但在涨潮退潮部分采用脱盐工法之后，还必须考虑和遮盐工法联合使用。

（3）脱盐工法是从含有大量氯离子的混凝土结构物中把氯离子涂去的电化学防腐蚀工法，使脱盐后的混凝土结构物耐久性提高。但是，已有的混凝土结构物承载力降低的情况下，即使充分发挥了脱盐处理的效果，承载力也不可能得到改善。为此，需要对结构修补，使其承载力提高，这很重要。还有，如果是盐害与碱骨料反应综合作用，使结构劣化，至今，尚有许多未了解之处，必须慎重应对。由于碱活性骨料使混凝土膨胀，即使脱盐后还会继续进行。根据残存膨胀值大小判断是否有可能还存在碱骨料反应。促进膨胀试验并判断其危险性，可参考表 15-2。

促进膨胀试验及判断实例　　　　　　　　　　　　　　　　　表 15-2

	促进养护的条件	判断基准实例
JCI-DD2 法	40℃,相对湿度 100％	13 周后膨胀值＞0.05％或 20 周后 0.1％,为有害
丹麦法	50℃饱和 NaCl 溶液中浸泡	试验 3 个月,膨胀值如下判断 ＜0.1％无膨胀；0.1％～0.4％不明确；0.4％以上,有膨胀性

如果残存膨胀量大，判断有危险时，应避免只单独采用脱盐工法。

15.3　脱盐工法的设计

在脱盐工法进行设计之前，必须注意以下两点：（1）对要使用脱盐工法的结构物，必须进行调查；（2）脱盐工法的设计，对采用脱盐工法的结构物，必须要考虑脱盐后的预期效果。因此要对该结构物含有的氯离子浓度及其分布状态要进行调查。

1. 对要采用脱盐工法的结构物进行调查

调查的项目，要根据电化学防腐蚀工法设计手册中的"调查手册"所记载的项目，进行适当的选择。比较正确的做法是按照调查手册《2，1调查项目》中记载的项目进行。但是在该调查手册《2，1》中所列的项目，为脱盐工法调查时，必须注意以下几点。

（1）脱盐工法只适用于盐害造成劣化的修补工法。盐害以外的因素造成结构的劣化，虽然脱盐工法也可能适用，但其效果无法得到充分保证。故应在劣化原因的基础上，选择适宜的修补工法。明确劣化原因，是调查最首要的任务。

（2）在结构的外观上需要注意：①表面有否裂缝，裂缝长度和宽度，所处位置。②结构混凝土有否剥落、损伤，位置及面积大小。③表面有否修补和处理，修补的位置及面积大小。这是调查过程中必须注意的。根据上述调查，决定是否采用脱盐工法，或采用其他修补方法（如裂缝修补、断面修复及表面处理等工法）与脱盐工法相配合进行维修。

表面处理材料可能给脱盐工法通电处理时带来障碍，因此，要对表面处理材料事先调查。再者，混凝土的形状，对脱盐工法临时阳极方式的选定是一种必要的信息，凹槽、凸角、开口部位、弯曲部位等复杂形状的结构，保持电解质溶液需要较长时间。

（3）为了掌握混凝土中氯离子的含量及其分布，要调查从混凝土表面到钢筋里侧深度方向的氯离子浓度。按照有关标准测定全氯离子的含量。分析时，也按有关标准确定取样位置、取样大小及取样方法。

（4）混凝土中钢筋（材）的调查，要确定钢筋和阴极导线连接的位置及连接导线的根数，电源线路集中与分散的设计资料。

钢筋（材）的调查，需要了解钢筋或钢材是普通钢筋（材），还是预应力混凝土中的 PC 筋。如果是普通钢筋（材），脱盐工法中可用作阴极，连续通电使用。但是，如为 PC 筋，则需要断断续续的通电。

2. 脱盐工法的设计

在设计时，需要考虑到氯离子的浓度及其分布、预期效果及设计前的调查。临时阳极、通电条件、直流电源等的选择，及结构表面处理等。脱盐工法各阶段组成如表 15-3 所示。

脱盐工法的标准施工顺序　　　　　　　　表 15-3

顺序		内容
设计需要的调查		外观调查,掌握钢材的位置,Cl^- 浓度的测定等
1	前处理	除去混凝土表面的覆盖材料 混凝土表面的劣化部分的修补 混凝土表面的电流障碍物的处理
2	通电系统组建	阴极线路与钢筋连接,通电试验,确定线路联通 在混凝土表面安装临时阳极 直流电源的配置与线路安装 供给电解质溶液
3	直流电源通电处理	直流电流通电 确认脱盐处理效果
4	撤去系统恢复原状	清扫,撤去临时安装系统,恢复原状(表面保护等)
5	维护管理	参阅维护管理篇

15.4　临时阳极要求的性能

选定临时阳极的时候，必须要考虑到脱盐工法要适用于结构物的形状和周边环境条件，以及供给电解质溶液的特点。

脱盐工法最重要的是在混凝土结构表面安装的临时阳极，和混凝土中钢筋（阴极）之间，能供给充分的电解质溶液。电解质溶液通过电化学渗透到混凝土中，使混凝土的电化学抵抗值下降的同时，混凝土中的氯离子容易移动。此外，在施工时，电解质溶液的供应与保存的方法，也要充分研究。

采用脱盐工法结构物的形状，特别是混凝土表面的形状，结构物周边的环境（溶液可否渗漏，有否其他行人，室内还是室外等）以及电解质溶液的供给的特点（优缺点）等，考虑上述方面之后，再决定施工方法。供给混凝土表面的电解质溶液及其保存方法，有三种方式已经实用化了，实例如表 15-4 所示。临时阳极使用的材料和电解质溶液如表 15-5 所示。

三种实用化方式　　　　　　　　　　　　　　　　表 15-4

方式	溶液的保持方式	保持材料	优点	缺点
(1)纤维做的形式	金属阳极周边喷涂纤维素纤维	纤维素纤维	(1)表面复杂时可施工 (2)垂直,水平同时施工	电解质溶液蒸发和渗漏多
(2)板状形式	在混凝土表面固定塑料平板,其上安放金属制阳极及电解质溶液	塑料平板	(1)电解质溶液蒸发渗漏少 (2)垂直,水平同时施工	表面复杂的混凝土结构施工困难
(3)屏蔽方式	在屏蔽式的容器中安放临时阳极及电解质溶液	无	(1)施工容易 (2)电解质溶液渗漏少	渗漏多;只限于水平面施工

阳极材料和电解质溶液　　　　　　　　　　　　表 15-5

阳极材料	钛合金,钛金属,贵金属电镀合金等
电解质溶液	$NaCO_3$,K_2CO_3 的各种水溶液等

15.5　通电条件的确定

在脱盐工法中的脱盐处理，必须确定以下的相关条件：（1）电流密度；（2）通电处理所需时间；（3）电流线路。

1. 电流密度

电流密度的适当取值，要考虑到阴极钢筋（材），混凝土的密实性，钢筋保护层厚度，氯离子浓度等，但是为了保证脱盐工程的安全性，电压大小必须保证人员的安全值。而为了保证混凝土中氯离子的电化学泳动，混凝土表面每平方米的电流密度，需要 0.5A 以上。此外，如果混凝土表面每平方米的电流密度在

10A 以上，通电 10d 后，就会发生重大的裂缝。因此，电流不能太大，通常采用的电流密度是 $1A/m^2$ 左右，这是采用电流密度的标准值。

2. 通电处理所需时间

通电处理所需时间要考虑到电流密度，氯离子浓度（特别是钢筋附近的氯离子浓度），及脱盐率等。一般根据脱盐效果假定所需时间（计算日数）。根据现有的施工实例，在一次脱盐工法中，通电处理所需时间标准值为 8 周以内。

3. 电流线路

电流线路，要根据结构物和构件的类型，混凝土的密实度，钢筋保护层厚度，直流电源装置的能力，导线粗细及根数等方面去决定。特别是如果混凝土的密实度和保护层厚度变化的幅度很大时，电流密度不均匀，处理效果离散性很大，这是必须要注意的。在这种情况下，要根据具体情况布置线路。

15.6　直流电源的选定

脱盐工法中使用的直流电源装置，必须要满足以下性能：①具有直流电流量充分供应的能力，直流电流输出端要有明显标志；②输出电流的一端没有逆向的情况；③输出电压对人身为安全值范围内。

（1）为了使脱盐工法得到充分的修补效果，需要连续的供给必要的直流电流。因此，直流电源装置必须具有充分供给电流的能力。此外，如阴极和阳极接反了的时候，混凝土要发生重大的开裂。因此，在施工时使用直流电源时，阳极能抑制电流的方向，而使用的电源装置上必须明确的标明阴极。

（2）混凝土中的钢筋为阴极，通过通电处理能防腐蚀。但另一方面，混凝土表面上的临时阳极在通电期间，要受到电腐蚀作用。因此，从直流电源中输出的直流电流的极性，如在通电处理期间变成反方向时，混凝土中的钢筋受到电化学腐蚀作用。其结果，钢筋的腐蚀激烈增加，导致混凝土发生严重开裂。因此，为了避免这种情况发生，直流电源输出电流时，电极必须不能由阳极转向了阴极。

（3）在脱盐工法中混凝土中的钢筋是阴极，混凝土表面是阳极，两极之间通过直流电流。因此，在通电过程中，在通电范围的混凝土表面和电路相接触时，就受电流的影响。此外，为了确保施工的安全性，脱盐处理的电压值必须对人体是安全的。电压的安全值，一般是在 50V 以下。

15.7　断面修复材料的选定

在脱盐工法中，断面修复和开裂处处理使用的材料，必须具有以下性能：
（1）断面修复材料；a. 抗压强度，要与原结构的混凝土强度大体相同；b. 与原结构的混凝土的粘结强度要与原结构的混凝土抗拉强度大体相同。（2）裂缝处理材料：具有使裂缝封闭的材料。

采用脱盐工法处理的结构混凝土，如有剥离、剥落和蜂窝麻面等劣化部分，在安装临时阳极前，要用无机材料修复。如事前没修复就安装临时阳极，这样，临时阳极和钢材之间会发生短路，混凝土部分无直流电流流过，有可能产生不适当的脱盐处理，对修复材料有要求的性能，如抗压强度，粘着强度和对裂缝封闭的性能等。这些性能不是在脱盐处理中所必须的条件，但一般说来，修补材料具有这些性能也是很必要的。

15.8 脱盐处理后的表面处理

混凝土结构物采用脱盐工法处理后，氯离子还可能从外部再次进入结构，而且钢筋附近的氯离子含量也会增加。因此，必须要进一步研究脱盐后是否还进行表面处理。

在混凝土结构剩余使用期内，钢筋附近的氯离子含量有一个极限值，如明显地超过了这个极限值，但不容易检查与维修，还希望进行表面处理。

一方面，剩余使用期短，或在剩余使用期内，钢筋附近的氯离子含量不超过管理的极限值时，检查和修补容易进行，可再次采用电化学防腐蚀工法的情况下，可不进行表面处理。

研究脱盐处理后的表面处理，包括的内容有：采用涂装、抹灰、铺盖、聚合物水泥砂浆等。选择表面处理时，要注意：（1）在脱盐处理时，混凝土要处于充分的潮湿状态，使电解质溶液能充分供给；（2）由于电解质溶液的 pH 值 10 以上的碱性水溶液，脱盐处理后的混凝土表面的 pH 值也要高。

第16章 脱盐工法的施工

脱盐工法的施工必须按照已定的顺序进行。在施工过程中，要满足有关技术标准的要求。采用脱盐工法施工后的混凝土结构，要进行适当的维护管理，必须妥善保管施工记录。施工应记录的项目包括：劣化部分的类型、范围和修补方法。脱盐工法施工时进行了检验的种类、试验方法及结果，以及施工时的照片等。标准的记录项目如表16-1所示。

脱盐工法施工记录项目实例 表16-1

工　种	记录的项目
劣化部分的修补	劣化的类型,范围,修补方法
钢筋及 PC 筋等的通电导电	试验方法,确认位置,确认结果
向钢筋阴极接线	设置方法及设置位置,接线的确认方法及位置
临时阳极的设置	标准,设置方法,设置位置
电解质溶液(通电前)	种类,浓度,pH 值,确认方法与确认结果
电解质溶液(通电中)	pH 值的确认方法和确认结果,有否补充及补充量
直流电源设备的设置	标准,最大电流值,最大电压值
通电调整(通电刚开始)	输出电流值,输出电压值
通电调整(通电中)	输出电流值,输出电压值
脱盐效果的确认	混凝土中氯离子含量
脱盐处理后的维护管理	外观目视,离子含量,钢材的自然电位

16.1　施工准备

采用脱盐工法的混凝土结构物，必须在施工现场确认以下项目：（1）处理的面积和部位；（2）施工预定期和季节条件，周边环境；（3）电力与水的供应。

在处理的面积和部位，要考虑到脚手架的设置和养护方法，要计算出机器设备和电源装置的数量，将工程分成多次施工的条件下，计算出每个单元最大处理的面积。

在考虑施工预定期的季节条件和周边环境的时候，要确定施工现场养护的方法。特别是在脱盐工法中使用电解质溶液时，该环境条件下，电解质溶液有否可能冻结，必须研究其对策。

脱盐工法的施工技术必须昼夜连续通电，要确保稳定的电力供应。因此，希望使用商业电源。

水是制造电解质溶液必需的材料，可用地下水和自来水，甚至河水，海水都可能用。但是绝不能用酸性水，因其对混凝土有腐蚀。

16.2 施工前处理

施工前处理有两方面要注意的问题：

（1）结构的劣化部分是否影响通电处理及脱盐效果。事先要用适当方法，调查劣化的程度。在脱盐工法中，混凝土的劣化部分会影响直流电流的均匀性及脱盐效果。要通过外观检查及敲打方法，判断以下部位的劣化。①混凝土和电阻不同的断面修复材料及表面处理材料；②剥离部位及麻面部位；③开裂部位，剥离部位；④露出钢材，露出金属及漏水部位。

（2）对修补部分范围的混凝土表面，要确认以下项目是否采取必要的措施。①有否表面处理材料，是否已清除。因为表面涂装等的表面处理材料，一般是电绝缘的，因此，在混凝土表面施工前，必须要清除。②混凝土有否劣化部分，是否已处理。如混凝土结构劣化修补时，必须采用无机材料修补。特别是从混凝土表面到钢筋位置处有麻面和松软部位时，会造成通电处理过程中的短路，要修复或绝缘处理。③有否开裂及断面缺损，是否已修补。要防止从混凝土到钢材的位置，发生短路现象，断面修复时要用环氧树脂或丙烯酸树脂进行修复。④是否电化学反应通电的障碍及其处理。混凝土表面如露出金属，可采用外观观察法及钢筋探测机调查。露出金属（钢筋）是造成短路的原因，妨碍脱盐处理的效果，必须要进行绝缘处理。在混凝土模板安装时，常常用金属拉杆，如残留在混凝土中，也会造成短路，必须清除，或用环氧树脂等绝缘处理。

16.3 钢筋（材）的通电检查

采用脱盐工法的钢筋混凝土结构中，钢筋（材）必须使每一根电流电路都成为一体化。此外，已确认了通电不良的情况下，必须采用适当方法保证和其他钢材的通电良好。

脱盐工法使用的电解质溶液，安放在混凝土表面上，放置于混凝土表面处的临时阳极，与混凝土中的钢筋（阴极）之间有直流电流通过；由于这个电流发生离子电泳现象，使混凝土结构中的氯离子移动到临时阳极。因此，希望在脱盐工法中，采用的直流电流在钢筋中均匀的流动。为此，要全部钢材的电流均能导通。

通常，混凝土结构物中的钢材，是由许多钢筋组合，钢骨架和钢筋焊接组合，PC 钢材和橡胶管，PC 钢材固定用的螺栓板及钢筋等相连接，不能和单根钢筋（材）相连，而是每部分都要和线路接上。由于钢筋（材）的腐蚀，要考虑到导通不良的情况。脱盐工法，在一个结构体中，同一构件内及构件之间两处以上，必须确认钢材的导电通电。

采用脱盐工法的结构物，如有金属水管及钢制的通路等附属结构，通电时有直流电流流入，当直流电流流入附属结构时，如钢筋和 PC 钢材电流不导通时，就会引起电腐蚀的可能，要确保钢筋和 PC 钢材导通。另外，金属水管和型钢制的通路等的附属结构物周围，安装临时阳极时，要使其不受到直流电流的影响，临时阳极要离开该范围 20cm 左右。

16.4　钢材和电源阴极的连接

在通电处理期间，直流电源输出电流能供给钢材时，混凝土中的钢材（筋）接线为阴极，要检查与阴极连接的钢材（筋）在通电时不会损伤其附近的混凝土。导线和阴极的连接有多种方法，如用夹子定法，螺栓拧紧法等，考虑到通电期间电流必须是连续供应的。通电期间最长为两个月左右，要选择适当的连接方法。PC 钢材会由于受热断裂，因此不应该采用能把热量直接传递给 PC 钢材的连接方法。

与阴极连接的导线根数过少的时候，导线和钢材的连接处以及导线本身通过的电流过大时，会发生电压损失等障碍。但如阴极连接的导线根数过多，这时，为了接线，混凝土损伤部位会增加。因此，与阴极连接的导线根数要适当。阴极导线的允许通过电流量，要根据连接钢材的大小，连接方法等决定。此外，采用脱盐工法混凝土的面积太小时，钢材的电流也会有不能导通的部位；当选用脱盐工法的混凝土结构的部位和形状复杂时，需要增加接线点。

如果钢材和阳极连接了，钢材会发生激烈的腐蚀（电蚀）。会给混凝土结构带来更大的危害，钢材一定不要和阳极连接上。

16.5　临时阳极的设置和电解质溶液的供给

（1）在设计时，要把临时阳极一侧的电化学电路分开。阴极一侧的钢材，通常为了使其电化学电路导通，阴极一侧的电化学电路难以分开。因此，在临时阳极一侧把电化学电路分开。分开临时阳极的电化学电路，可参考脱盐工法设计的有关内容。

（2）临时阳极的设置，作为标准是将临时阳极安放在采用脱盐工法混凝土结构的表面。临时阳极把直流电流均匀流向混凝土的同时，还有把电解质溶液通过电化学渗透进入混凝土中。因此，用作临时阳极的阳极材料，要设置于离混凝土表面数毫米～数厘米的位置处。而且，希望在采用脱盐工法混凝土结构的表面都要设置临时阳极。

（3）电解质溶液的供给量，要考虑到混凝土的吸水，由于气候变化产生蒸发等因素，然后决定。

电解质溶液使混凝土中含有的氯离子发生电泳以及使混凝土本身的电阻值降低，要求脱盐处理采用的电压值，在安全值的范围内。因此，混凝土的表面，由于电解质溶液使其处于饱水状态。或保持湿润状态，使混凝土能充分吸收电解质溶液。施工时的气温、湿度及风雨等，会使电解质溶液自然蒸发。因此，电解质溶液供给量要考虑到这些消耗，有充分贮备量。

16.6　直流电源的设置与配线

（1）直流电源的装置应安放于平坦安定的场所

在上述"直流电源的选定"中，要选择能充分供给直流电能力的装置。不影响对混凝土结构物，连续供应直流电的安全范围，因此，直流电源的装置必须安放在平坦稳定的场所。

（2）配线能把阴极和阳极方面的线路区分开来

从直流电源输出的电流，如果极性接反了，配线混同时，就会出现配线产生短路，线路会烧损，电流产生故障等危害。此外，混凝土中的钢材（筋）的极性，变成相反了。这种逆转现象，也即钢材（筋）变成了阳极时，钢材（筋）发生激烈的电蚀作用，使混凝土发生重大的开裂。因此，线路要标志出不同颜色，便于分辨出是阴极还是阳极，这在施工中管理很必要。

16.7　通电处理刚开始和通电处理中的管理

（1）刚开始通电时的通电处理，要按照预定的直流电流值供电，而且要确认电流值和电压值不会发生异常现象。从直流电源供给混凝土电流的控制是定电流方式，输出电压最大值，对于人身安全来说，一般是 50W 以下，希望以此标准控制直流电源.

通电开始后，直流电源按设定的电流值输出，是否能按正确方向流入混凝土结构物呢？此外，电流分布又怎样呢？必须用直流电流计和夹具式的电流计来确认。通常，由于钢筋保护层厚度变化，钢筋量不同，电流会发生一些波动，直流电流值在设定值 30％左右，可不需要处理。如超过此范围，可能是由于：①导线之间或钢筋和导线间接触不良；②钢筋和临时阳极之间发生了短路现象。此外，要处理上述问题时，需用万用表测定电压值。其结果是否超过输出电压的设定最大值（一般是在 50V 以下），可进一步检查导线是否断线或电解质溶液供应不足等因素，追查原因，采取适当措施。

在通电当日或次日，如果混凝土不能吸收电解质溶液，并确认了混凝土的电阻值高，电流值和电压值不稳定，但测定不了。因此，在作业过程中，希望能使混凝土充分吸收电解质溶液。

（2）在通电中，根据电解质溶液对混凝土表面润湿状态，进行补充电解质溶液。通电过程中，混凝土中的氯离子由于电泳作用，向电解质溶液一侧移动，也就是能脱盐。但是，要达到这个目的，必要条件是：①在通电处理期间，混凝土被电解质溶液作用，处于润湿状态。因为施工期间电解质溶液会干燥，下雨时混凝土表面受冲刷，无论如何都要进行适当养生，至少每周一次，维持混凝土表面被电解质溶液作用，处于潮湿状态。②通电开始后，必需测定直流电流值和电压值。在条件①能做好时，直流电流和直流电压不会有大波动。因此希望进行测定，使与条件①的确认一致。相反，进行条件②的测定，也可根据结果推定条件①的状况。电解质溶液数量不足时，一方面使电流值下降，电压值升高。为此要使用监控装置，远距离监控通电的状况。

此外，要测定电解质溶液的 pH 值，这对预防阳极附近发生氯气是有益的。因此，如果 pH 值降低时，就需要补充电解质溶液，或者添加电解质材料，使 pH 值恢复到设计值。

（3）在通电期间，要对直流电源装置、临时阳极、电解质溶液、线路及管道进行检查。通过检查，判断脱盐处理过程中是否发生障碍。如发生障碍，可立即处理，检查项目如表 16-2 所示。

通电期间要检查的项目 表 16-2

装置	项目	内容	方法	判断基准
直流电源装置	外观	确认设置状况	目测	设计于平坦稳定处
		确认有否涂装、损伤锈蚀	目测	没有损伤生锈情况
		检查开关按钮等	目测	能否开启、关闭按钮
		调查输出端的损伤、腐蚀	目测	没有损伤生锈情况
		确认线路输出连接状态	目测	连接处有否松动脱开
	运行状况	电路指示灯是否亮	目测	指示灯能否点亮
	检测	万用表检测输出电流和电压	测定	所定输出电流量及电压宜在设定最大值下

装置	项目	内　　容	方法	判断基准
临时阳极	外观	检查临时阳极的润湿状态	目测	不会发生干燥,正常供给电解质溶液
		检查阳极和线路及连接	目测	接线不发生电蚀腐蚀
电解质溶液	检测		检测	满足要求的 pH 值
线路管路	外观	确认配线配管有否损伤	目测	配线配管没有损伤
		线路连接状态	目测	接线不发生电蚀腐蚀
	检测	确认每根线路的电流量	检测	所定电流不发生变动

16.8　脱盐效果的确认

要确认能否满足脱盐工法预期的效果。从使用脱盐工法的混凝土构件中,取样进行检测氯离子的浓度,这是确认脱盐工法效果常用的手段。而最好是在通电处理过程中,确认混凝土中氯离子的浓度,以预先推测脱盐的效果。

取样时,应在钢筋上表面保护层的混凝土,或钢筋旁边的混凝土,这样,能正确了解脱盐的效果。取样数必须满足最小限度要求。

16.9　通电结束后的处理

通电处理后,临时阳极材料、电解质溶液及其固定于混凝土表面的材料要取走,混凝土表面的脏东西要清扫,调查混凝土氯离子浓度时取样的坑要填补修理等。

第17章　脱盐工法施工应用实例

17.1　纤维板形式

1. 主要使用材料和特征

纤维板形式的脱盐工法主要使用材料和特征如表 17-1 所示。

表 17-1

主要材料	材料的性能	施工方法	材料的具体实例
纤维	吸水性保水性高。保水率≥500％；对人无毒	喷涂施工	纤维素纤维(旧废纸纤维)
阳极材料	通电期间能供给混凝土电流	离混凝土表面数 mm 到数 cm 用树脂螺栓固定	肽制，钛合金制及钛网；铁及 SUS 等焊接金属网
电解质	在阳极能抑制氯气发生	喷涂粘结、喷雾，泵送循环	$Ca(OH)_2$ 水溶液，LiOH 水溶液

2. 施工应用的结构物概要

该结构物是一座道路桥梁，处于海岸边，受海浪作用，冬季受日本海的季节风作用，经过了 30 年，发生了严重的盐害，如图 17-1 所示。脱盐前的氯离子含量如图 17-2 所示。

3. 选用脱盐工法的原因

在桥墩，离混凝土表面不同深度方向的氯离子含量，如图 17-2 所示。由图

图 17-1　道路桥梁

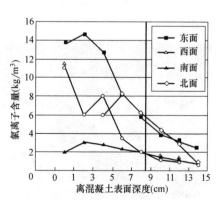

图 17-2　脱盐前的氯离子含量

可见，从桥墩东南西北四个方向飞来盐的氯离子含量都很清楚。从东面，离钢筋表面3cm处，氯离子含量达到了 $15kg/m^3$；最低的，从西面过来的氯离子含量也达到了 $3kg/m^3$。在钢筋处（保护层约9cm），氯离子含量也大幅度超过了使钢筋发生腐蚀的临界值，即使修补，也抑制不了盐害的发生。关键要把钢筋附近的氯离子浓度降下来，故选用脱盐工法。

4. 施工概要

施工顺序的概要如实施例图17-3所示。作为前处理，要把混凝土表面原来的处理材料清除，劣化部分要修补（裂缝修补，断面修复）；对电化学有障碍的要清除，以防短路。

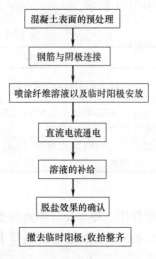

```
┌──────────────────────┐
│   混凝土表面的预处理    │
└──────────────────────┘
           ↓
┌──────────────────────┐
│    钢筋与阴极连接       │
└──────────────────────┘
           ↓
┌──────────────────────────┐
│ 喷涂纤维溶液以及临时阳极安放 │
└──────────────────────────┘
           ↓
┌──────────────────────┐
│    直流电流通电         │
└──────────────────────┘
           ↓
┌──────────────────────┐
│    溶液的补给           │
└──────────────────────┘
           ↓
┌──────────────────────┐
│    脱盐效果的确认       │
└──────────────────────┘
           ↓
┌──────────────────────┐
│  撤去临时阳极，收拾整齐  │
└──────────────────────┘
```

图17-3　施工顺序的概要

混凝土表面安放阳极（钛金属网等）要离表面数毫米～数厘米，并临时固定。把纤维和电解质溶液喷涂于混凝土表面或将其混合物涂抹于混凝土表面。

要确认阴极线路和阳极线路，接上直流电源，并开始通电。在通电期间，适当时候，补给纤维的电解质溶液。确认从直流电源输出的电流和输出的电压，校准预定输送给混凝土的电流量。

预定通电时间完成后，为了检验其脱盐效果，从混凝土钻取芯样，分析氯离子含量，撤去混凝土表面设置的纤维、阳极材料及其他临时设施，修补各种钻孔，清理表面，使混凝土复原。必要时，对混凝土表面覆盖。

5. 临时阳极

在实施例中，阳极材料的临时固定和纤维的喷涂状况如图17-4和图17-5所示。

图17-4　阳极材料的临时固定

图17-5　纤维的喷涂状况

6. 结果

混凝土表面积每 $1m^2$ 通过 1A 的直流电流，经过 8 周后，脱盐处理后的氯离子含量如图 17-6 所示。

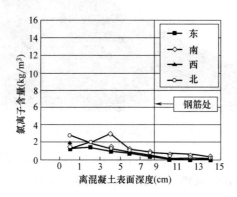

图 17-6　脱盐处理后的氯离子含量

17.2　板式电极方式

1. 主要使用材料和特征

板式电极安装方式主要使用材料和特征如表 17-2 所示。

主要使用材料和特征　　　　　　　　　　表 17-2

主材	材料的质量	施工方法例	材料的具体例
板	耐腐蚀性良好 具有止水性 加工性良好	钻孔或者用支撑材料，临时固定于混凝土表面	塑料制平板(板的周边有止水材料包裹)
阳极材料	通电期间，能稳定的供应电流	临时固定于板的里侧	钛金属制,钛合金制,钛金属网等
电解质溶液	在阳极能抑制氯气的发生	泵送循环 从贮存器内自然流	$Ca(OH)_2$ 水溶液,LiOH 水溶液(最好含有缓冲剂 H_3BO_3)

2. 结构物概况

位于寒冷地区的高架桥如图 17-7 所示。为防止路面冻结，冬天在桥面上撒了除冰盐。氯离子向混凝土散渗透，使混凝土中钢筋锈蚀。

通过调查，以桥面板接缝为中心，桥的轴向前后 1m 部分的混凝土的氯离子浓度过大，因此对桥面板接缝部分的前后 1m 处采用脱盐工法。

3. 选用脱盐工法的理由

各桥面板钢筋保护层混凝土氯离子浓度 2.2～6.6kg/m³，钢筋深度部分氯离

图 17-7　选择脱盐工法的结构物

子浓度达到 $1.3\sim2.9\text{kg/m}^3$，钢筋附近 $4.4\sim8.2\text{kg/m}^3$，必须大幅度降低氯离子浓度。要清除在钢筋处的氯离子，也只有采用脱盐工法。

4. 施工概要

施工顺序如图 17-8 所示，前处理同纤维板方式。

在周边有密封装置的塑料平板上安装钛网阳极，如图 17-9 所示。这个平板临时固定在混凝土表面上，如图 17-10 所示。板与混凝土之间有空隙，安放电解质溶液。

混凝土表面的预处理

↓

钢筋与阴极连接

↓

临时架设塑料板

↓

直流电流通电

↓

溶液的泵送循环

↓

脱盐效果的确认

↓

撤去临时阳极，收拾整齐

图 17-8　施工顺序　　　　　　　　　图 17-9　固定钛金属网阳极

确认阴极线路和阳极线路，与直流电源接通，开始通电。在通电期间，采用泵送循环供应电解质溶液，通电期结束后，与 17.1 节的做法一样，撤去混凝土表面设置的纤维、阳极材料及其他临时设施，修补各种钻孔，清理表面，使混凝土复原。必要时，对混凝土表面覆盖。

5. 通电状况

混凝土表面积每 1m² 通过 1A 的直流电流，经过 28～56d 后，停止脱盐处理。通电状况如图 17-11 所示。

图 17-10　板的设置

图 17-11　通电状况

6. 结果

经过脱盐处理后，在钢筋位置处（3～6cm）氯离子含量为 1.2kg/m³ 以下，如图 17-12 所示。

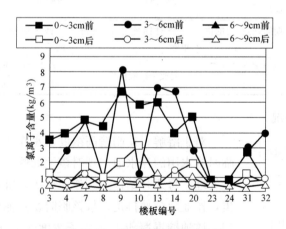

图 17-12　脱盐前后氯离子含量

17.3　粘结方式

如图 17-13 所示，在采取脱盐工法的混凝土结构部位，临时设置贮存电解质溶液的料槽。为了防止电解质溶液蒸发，在料槽内安放吸水材料，整个料槽用塑料薄膜包裹上。

图 17-13　　阳极材料的临时设置状况

1. 主要使用材料和特征

主要使用材料和特征如表 17-3 所示。

主要使用材料和特征　　　　　　　　　　　　表 17-3

主材	材料的质量	施工方法例	材料的具体例
溶液贮溜灌	耐腐蚀性良好 具有止水性 加工性良好	在混凝土板面上构筑一个贮液槽	塑料制或硅胶制方形条,混凝土及砂浆
阳极材料	通电期间,能稳定的供应电流	临时固定于贮液槽里侧	钛金属制,钛合金制,钛金属网等
电解质溶液	在阳极能抑制氯气的发生	安放于贮液槽里面	$Ca(OH)_2$ 水溶液,$LiOH$ 水溶液(最好含有缓冲剂 H_3BO_3)

2. 结构物概况

图 17-14　施工顺序

对于溶解岩盐制造高浓度盐水作业的工厂,设置了临时排水用的存水池,现对该池的侧墙板及底板进行脱盐处理。每天开始作业到作业终了,脏盐水都存蓄在池里,作业后全部排走。故该临时畜液池处于干湿循环作用。该池壁混凝土的氯离子浓度 $6.2 \sim 17.9 kg/m^3$,在钢筋附近为 $2.2 \sim 3.4 kg/m^3$,通过脱盐工法把氯离子除去。

3. 施工概要

施工顺序如图 17-14 所示,前处理同纤维板方式。在采用脱盐工法的结构物周围,用塑料或橡胶制成的角棒等,以及混凝土和砂浆等,做成贮液池,池内安放阳极(钛金属网等)和输入电解质溶液,如图 17-13 所示，为了防止电解质溶液蒸发，在贮液池内放入吸水材料，而且整个贮液池要用塑料布包裹着。

贮液池里输入了足够的电解质溶液之后，确定阴极线路和阳极线路，然后和直流电源连接。通电期间，要注意补充电解质溶液。在预定的通电时间到期后，和上述 17.1 节所述的一样，撤去混凝土表面设置的阳极材料及其他临时设施，修补各种钻孔，清理表面，使混凝土复原。必要时，对混凝土表面覆盖。

4. 效果

混凝土表面每平方米面积，通过直流电流 1A，通电 56 天，施行脱盐处理。经脱盐处理后的氯离子浓度，在保护层处是 $1.8\sim3.5\mathrm{kg/m^3}$，在钢筋处是 $0.6\sim1.1\mathrm{kg/m^3}$，氯离子浓度明显降低。

第18章　采用脱盐工法维修后结构的维护管理

采用脱盐工法维修后混凝土结构物的维护管理，其内容包括定期检查、评估和判定、对策及记录等，要合理地组合进行全面的管理。其维护管理顺序如图18-1所示。首先是早期检查研究，确认脱盐的效果，然后，收集结构物耐久性的相关信息。

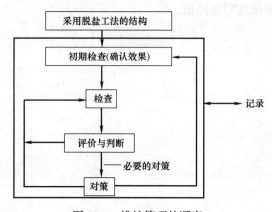

图 18-1　维护管理的顺序

18.1　检查

1. 采用脱盐工法维修后结构物的检查，包括日常检查、定期检查、详细检查及临时检查等。

早期检查主要确认脱盐工法维修后的脱盐效果。此外，还有日常检查、定期检查、详细检查及临时检查等，这些检查都要按有关技术标准进行。

2. 关于检查的方法和频度，采用检查的方法和频度，要适合于脱盐工法的目的为原则。脱盐工法的目的是为了降低混凝土中氯离子浓度，通常是经过8周左右通电脱盐处理之后，检验脱盐处理后的氯离子浓度，评估通电处理效果。混凝土中的钢筋，由于钢筋附近的氯离子浓度大幅度降低，由腐蚀状态向不动态皮膜再生、防腐蚀的方向移动，其结果，脱盐工法处理后的混凝土结构，其里面的钢材不会发生新的腐蚀，以及产生裂缝和发生锈汁等现象。

对脱盐工法处理后的混凝土结构物，进行日常检查的时候，要注意有否新的裂缝、新的锈汁、新的起浮及剥离等现象。此外，采用了脱盐工法的混凝土结构，进行表面处理时，表面处理材料的状态有否改变等，也要检查。

此外，对脱盐工法处理效果的持续性，可以通过对混凝土中钢筋的腐蚀状况来掌握。例如，通过检测钢筋的电化学指标（自然电位，分极电位等），进行判断，评估脱盐工法处理效果的持续性。

定期检查，通过检测钢筋的电化学指标（自然电位，分极电位等），以及混凝土中氯离子浓度等，进行确定。而定期检查的频度，根据结构物维护管理的划分，按重要程度和环境条件等决定。钢筋的电化学指标的测定 1 次/1～数年，氯离子浓度的测定 1 次/数年～10 年，是比较适当的。

此外，采用脱盐工法处理刚结束后的混凝土结构，由于钢筋有很大电流通过，钢筋的电位向负的方向有很大的偏移。但是，经过一段时间后，钢筋的电位又慢慢地向正的方向转移。通常，经过脱盐工法处理后的混凝土结构，3 个月～1 年左右，钢筋的电位在正的方向稳定下来。因此，在进行调查确认脱盐工法处理效果的时候，要考虑到这方面的因素。还有，如果混凝土结构物处于水中或处于浪溅区的时候，钢筋的电位转移到正的方向稳定下来，需要 1 年以上的时间。考虑问题时，要正确掌握结构物所处的环境状态，是很必要的。

钢筋的电化学指标，其中之一是自然电位的测定。有两种方法：①混凝土表面与校正电极接触的方法；②把校正电极埋设于混凝土中的方法。按照第 1 种方法，检查一次很容易得到更多的数据。但是，测定的次数及结果因环境（天气等）而变化。而第 2 种方法，测定条件是固定的，测定值稳定是其优点；但测定得到的数据有限。因此，选择那种方法测定钢筋的自然电位，要根据结构物的形状、重要性、和调查目的，去选择测定的方法。

18.2　评估和判断

对采用脱盐工法处理结构物，进行定期检查，得到相应的结果以后，对于结构物或其某一部位构件的性能，必须进行评价或判断。从混凝土结构物检查出来的结果进行分析：如果在钢筋附近的混凝土中，检查的氯离子含量超过了管理界限值时，或者超过了剩余使用期中预计的场合时，必须研究适当的对策。

18.3　对策

对采用脱盐工法处理结构物中的钢筋，有可能降低抗腐蚀性能时；考虑到维护管理的划分，剩余使用年限及管理的难易程度等，选定适当的对策，立项实施。

采用脱盐工法后结构物的性能降低，主要是继续产生氯离子向结构扩散渗透，再次发生盐害造成的。在定期检查的基础上，推测钢筋附近氯离子含量的增大值，实施对氯离子含量的增大的相应对策。

氯离子含量还没有超过管理极限值的时候，可加强检查，或遮盖混凝土表面等。但如果氯离子含量超过管理极限值的时候，就需要再脱盐或者研究采用其他适宜的方法。

而结构的性能低下不是由于再次发生盐害，而是其他原因造成的。这时，就需要查明原因，采用相应的对策。

第19章　混凝土的再碱化工法

19.1　引言

混凝土结构在所处的环境下，大气中的 CO_2、SO_3 和 NO_2 等氧化物，与混凝土结构长期缓慢作用，碱性从表面向内部徐徐降低，这种现象被称之为中性化。而碳化是混凝土中水泥水化物和环境中 CO_2 的反应，分解成碳酸盐与其他物质的现象，但碳化也是中性化之一。

混凝土是强碱性材料，通常，pH＝12～13。在这样的强碱条件下，钢筋受到保护，免遭腐蚀。由于中性化作用，混凝土中的碱性逐步降低，也即 pH 值逐步降低，当混凝土 pH 低于 10 时，其中的钢筋会发生锈蚀。铁锈要比铁的体积膨胀 2.5 倍，保护层也要发生开裂，如图 19-1 所示。混凝土结构造成重大损伤，耐久性下降。由于中性化而产生混凝土中的钢筋锈蚀，也是一种电化学腐蚀。

图 19-1　混凝土墙体因中性化钢筋锈蚀保护层剥落

19.2　再碱化工法的原理

所谓再碱化工法，就是在混凝土结构物表面设置临时阳极。临时阳极由碱性的电解质溶液、阳极材料、电解质溶液的保持材料组成。在一定期间内从阳极材料向混凝土中的钢筋输入直流电流，使电化学渗透，把电解质溶液中的碱性输入混凝土中，使由于中性化降低了混凝土中的碱性得到恢复，这称之为再碱化工法。再碱化工法的模式如图 19-2 所示。

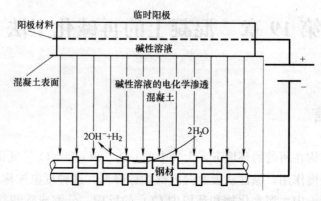

图 19-2　再碱化工法原理图

电解质溶液一般采用碱金属离子的碳酸盐水溶液。例如碳酸钠水溶液（1N）时，再碱化施工结束后，可以确定混凝土中的碱性恢复。混凝土中的 pH 值保持在 11 左右，如公式（19-1）所示的 pH 值＝10.7，碳酸钠水溶液稳定值。钢筋表面的不动态皮膜处于稳定状态，而由于通电，在钢筋附近发生式（19-1）及式（19-2）的化学反应，产生 OH^-，使钢筋附近的 pH 值升高。

$$Na_2CO_3 + CO_2 + H_2O \leftrightarrow 2NaHCO_3 \quad (19-1)$$

（碳酸钠水溶液稳定式）

通过碳酸气分压计算，碳酸钠溶液（1N）的稳定值

大气中的碳酸气浓度为 0.03％时，pH 值＝10.7

$$H_2O + 1/2O_2 + 2e \rightarrow 2OH^- \quad (19-2)$$

氧气充分的条件下，在混凝土中钢筋近傍的 OH^- 发生的反应式

$$2H_2O + 2e \rightarrow 2OH^- + H_2 \quad (19-3)$$

氧气不足的条件下，在混凝土中钢筋近傍的 OH^- 发生的反应式。

通过直流电，流量为 $1A/m^2$ 左右。通电时间约 2 周，被中性化的混凝土碱性恢复，pH 恢复。再碱化的混凝土在干燥时，用酚酞试液检验颜色变化速度，及由于雨水对电解质中碱性的溶出速度，与通常的混凝土有所差别。

19.3　再碱化工法的效果

1. 混凝土中碳化部分 $Ca(OH)_2$ 与 $CaCO_3$ 的分布

混凝土长期在大气的作用下，大气中的碳酸气体侵入混凝土，混凝土从表向里逐步中性化（图 19-3），表层 $Ca(OH)_2$ 浓度几乎完全变成了 $CaCO_3$，pH 值

降低。

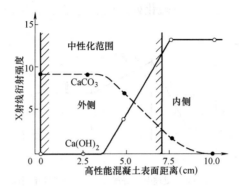

图 19-3　混凝土中，碳化部分 $Ca(OH)_2$ 与 $CaCO_3$ 的分布

　　由于中性化的作用，混凝土中的钢筋，失去了碱性保护，发生了腐蚀，混凝土也发生了开裂，保护层剥落，结构物劣化。

2. 再碱化工法使 pH 值恢复。也恢复了对钢筋保护的功能

　　混凝土结构中的钢筋（材），当混凝土处于健全状态时，pH 值约 $\geqslant 12$，使钢筋得到保护免于锈蚀，这时钢筋表面形成不动态皮膜，防止锈蚀发生。但是，由于中性化的作用，混凝土中的钢筋，失去了碱性保护，发生了腐蚀，混凝土也产生了开裂，保护层剥落，结构物劣化。通过再碱化工法，使混凝土恢复了碱性，使混凝土本来具有的防锈能力恢复。

　　再碱化工法修复混凝土结构，与过去的断面修复工法及表面处理工法不同，后者属物理修复。但在研究修复阶段，结构常常发生物理变态。因此首先用物理修复工法，然后应用再碱化工法，这时要注意新修复部位与原有部位之间的微电流腐蚀，由于这种腐蚀再劣化的混凝土结构实例不少。而把整个混凝土结构用再碱化工法处理，不会发生修补部分和未修复部分再劣化的问题。

　　考虑到由于发生中性化给结构带来的弊害，主要是钢筋附近的混凝土。因此，使用再碱化工法时，使钢筋附近的混凝土达到了再碱化即可。钢筋附近的混凝土恢复了 pH 值，预防 pH 值降低得到了有效的处理。

　　混凝土中性化如式（19-4）、式（19-5）所示，在液相和固相中进行。

$$Ca(OH)_2 + CO_2 \rightarrow CaCO_3 + H_2O \tag{19-4}$$
（液相中性化）

$$(CaO)_x \cdot (SiO_2)_y \cdot (H_2O)_z + xCO_2 \rightarrow xCaCO_3 + ySiO_2 + zH_2O \tag{19-5}$$
（固相中性化）

　　中性化使混凝土 pH 值降低到 $8 \sim 9$，这时混凝土中钢筋失去了碱性保护（防腐蚀）的功能。再碱化工法，使碱性溶液通过电化学渗透到混凝土液相中，pH 值得到恢复。使用再碱化工法后的混凝土，pH 值恢复到使钢筋不发生锈蚀

的条件是 pH>10。根据有关技术标准介绍，中性化范围 pH 值是 8.2～10 左右。在钢筋附近混凝土的 pH 值，再碱化处理前后的变化如图 19-4 所示。

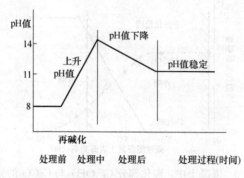

图 19-4　再碱化处理后混凝土 pH 值的推移

　　混凝土碱性变化也可参考图 19-5。再碱化处理过程中，由于碱溶液的扩散渗透，使中性化的混凝土，碱性逐渐恢复，用酚酞试液检测时，混凝土变成了红色。也就是，再碱化处理的过程中，钢筋附近发生 OH^-，生成 NaOH、KOH，使 pH 直升高。处理后 OH^- 扩散，或者 CO_2 再次侵入混凝土中，NaOH、KOH 变成 Na_2CO_3、K_2CO_3，这一过程中，使 pH 值下降，经过一定时间后，由于碱溶液稳定，如式（19-1）所示，pH 值维持稳定。

　　如环境的 CO_2 浓度不大，可以继续保持 pH 值在 10 以上。

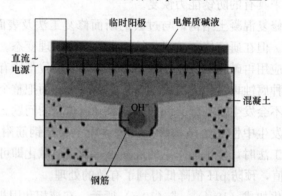

图 19-5　混凝土结构中再碱化过程

3. 再碱化工法处理后的混凝土表面维护管理

　　再碱化工法处理刚结束后，一般情况下，可认为中性化深度为 0mm，按过去施工实例，处理效果可持续五年以上。剩余的计划使用期中，可以进行再碱化处理。但是，由于电化学渗透，混凝土中碱性溶液随着雨水而排放出来。因而，在严酷条件下，再碱化工法处理后，还要用表面处理工法等对混凝土表面处理，这在管理上是很必要的。下雨时，雨水从再碱化处理的混凝土表面以每年 1mm

的比例从混凝土中把碱性溶液流出。

19.4　再碱化工法在钢筋混凝土墙面上的应用

再碱化工法在钢筋混凝土墙面上的应用如图 19-6 所示。

（a）　　　　　　　　　　　　　　　　（b）

图 19-6　再碱化工法在钢筋混凝土墙面上的应用
（a）喷涂碱溶液-木质素面层；（b）安置临时阳极

钢筋混凝土墙面再碱化工法包括：混凝土表面处理→钢材与阴极连接→喷涂纤维和溶液及安放临时阳极材料→直流电流通电→溶液的补充→再碱化效果验证→拆除，清扫。

经过 5A 电流通电处，碱液 10kg，处理 4 周后，在钢筋附近碱含量达到了 $20kg/m^3$。再碱化处理前后的 pH 值如表 19-1 所示，达到了预期效果。

再碱化处理前后的 pH 值　　　　　　　　　　表 19-1

时间 \ 效果	混凝土表面	钢筋附近
处理前	9.6～10.0	10.4～10.8
处理后	11.2～11.6	13.2～13.6

第20章　再碱化工法的适用范围

20.1　引言

再碱化工法可适用于：

（1）钢筋混凝土结构、钢骨钢筋混凝土结构、预应力钢筋混凝土结构等各种混凝土结构物。除了无筋混凝土以外，具有钢材的混凝土结构物均能适用。考虑提高混凝土结构物的安全性、使用性能及其他方面，如美观、景观等耐久性能的提高等，均可采用再碱化工法对结构维修，以提高性能。

（2）由于中性化发生性能降低的结构物，或者由于中性化发生性能降低的可能性很大的结构物，都可应用再碱化工法维修。混凝土结构劣化状态，处于等级Ⅰ-1（潜伏期），Ⅰ-2（进展期），Ⅱ-1（加速前期），Ⅱ-2（加速后期）阶段，再碱化工法和断面修复工法组合应用是完全可行的。而海洋环境下引起混凝土中性化较难，再碱化工法的应用只限于建造在陆地上混凝土结构物。

（3）承载力下降的情况下及中性化和其他劣化因素共同作用的情况下，要对结构进行相应的修补，如提高承载能力的补强，针对其他劣化原因的修补。研究如何采用其他电化学防腐蚀工法和脱盐工法配合使用。如结构由于中性化和盐害的复合劣化，可采用再碱化工法和脱盐工法组合应用。但对于碱骨料反应和中性化的复合劣化，至今尚未完全解明，要慎重处理。

20.2　混凝土结构劣化程度与再碱化工法的应用

按照混凝土技术标准中的"维护管理篇"所述，结构物的劣化状态，按外观等级分类，如表20-1所示。再碱化工法对于Ⅰ-2进展期和Ⅱ-1加速期前期，是适用的，可推荐应用。Ⅰ-1潜伏期适宜于预防。而Ⅱ-2加速期后期，要与断面修复工法配合也是可行的。对于海洋环境下的混凝土，由于中性化引起的劣化甚少，至今为止，作为再碱化工法的应用实例几乎没有。再碱化工法只适宜于陆地上。

结构物的外观等级与劣化状态　　　　　　　　　　　　　　表20-1

结构物的外观等级	劣 化 状 态
Ⅰ-1潜伏期	看不出外观上的变化，生锈极限值之上
Ⅰ-2进展期	外观上没变化，未到生锈，腐蚀刚开始

结构物的外观等级	劣 化 状 态
Ⅱ-1 加速期前期	腐蚀发生开裂
Ⅱ-2 加速期后期	裂缝多,有锈汁,剥离剥落,腐蚀增大
Ⅲ-劣化期	裂缝多宽度大,锈汁剥离,剥落

20.3　再碱化工法使钢筋混凝土结构物耐久性提高

1. 提高钢筋混凝土结构物耐久性，但不能改善其承载力

再碱化工法是对中性化的混凝土结构物，使用电化学防腐蚀工法，使中性化了的混凝土结构再碱化。但是，对已有的混凝土结构物承载力降低的情况下，即使充分发挥其再碱化处理的效果，也不能改善其承载力。在这种情况下，为了提高承载力，就需要补强。

2. 中性化与其他劣化因子复合作用时要综合修补

中性化与其他劣化因子复合作用的情况下，希望与其他劣化因子产生的劣化，进行相对应的修补。例如，碱-骨料反应使混凝土膨胀，是否以后还会继续发生呢，要判断清楚以后，再进行修补，是至关重要的。至今为止，在再碱化工法的技术水平中，如怀疑混凝土还会有碱-骨料反应发生，可以检测混凝土残余膨胀值的大小，判断其是否能应用再碱化工法修补，这是最可行的。残余膨胀值的试验方法及其判断标准，如表 20-2 所示。

促进（快速）试验例及判断例　　　　　　　　　　　　表 20-2

	促进试验养护条件	判断基准例
JCI. DD2 法	温度 40℃,湿度 100%	13 周,膨胀值＞0.05%；或 26 周膨胀值＞0.10%,是有害的
丹麦法	温度 50℃,饱和 NaCl 溶液中浸渍	3 个月的膨胀值：＜0.1%无膨胀性＞0.1%,＜0.4%不确定；＞0.4%有膨胀性

在这些试验中，残余膨胀值大，判断为危险的时候，必须避免单独采用再碱化工法修补。

中性化与碱-骨料反应复合作用时，至今为止，还有许多不明之处，必须要慎重处理。

第 21 章　再碱化工法的设计

在进行再碱化工法设计时，必须对应用再碱化工法维修的混凝土结构物进行调查。另一方面，再碱化工法设计时，要对应用再碱化工法的混凝土结构物的中性化深度，和采用再碱化工法的效果，要全面考虑。

21.1　对混凝土结构物进行调查

对应用再碱化工法的混凝土结构物进行调查时。要注意以下问题：

(1) 再碱化工法只能适用于中性化产生劣化的结构。因此，中性化以外的因素造成结构的劣化，即使再碱化的工法也能用。但是，不会得到满意的效果。因此明确结构劣化的原因是首要的，必须根据劣化原因采用相应的修补方法。

(2) 作为混凝土的外观，要注意以下各点：①有无裂缝，位置与长度；②有无剥落和缺棱掉角，面积和位置；③有无表面处理材料，位置与面积。了解这些信息后，作为结构物的修补，只应用再碱化工法够不够？再碱化工法能否与其他工法配合应用呢？再碱化工法与脱盐工法组合应用时，首先，采用脱盐工法把混凝土中的 Cl^- 排出，然后用电解质溶液输入代替原来临时阳极中的溶液，进行再碱化处理。表面处理材料可能对再碱化工法处理的通电处理发生障碍，需要调查表面处理材料的材质。甚至，对混凝土的形状也要调查，这是再碱化工法中选择临时阳极方式的重要信息。混凝土结构的凹槽、凸角、开口部位、弯曲部位及曲折部位等有复杂形状部位，均需深入调查，以确保电解质溶液的保存。

(3) 作为采用再碱化工法处理的混凝土的性能，为了掌握中性化深度，要钻孔取样，用酚酞试剂测定中性化深度。

(4) 混凝土中钢材（筋）的调查

要设定钢筋和阴极导线连接的位置，连接的根数，以及电源电路集中与分散等电路设计使用的数据，都需要从混凝土中钢材（筋）的调查资料。关于钢材种类的调查，有钢筋和型钢的普通钢材，或者预应力混凝土中的 PC 钢材等高强钢材。把普通钢材作为阴极使用时，可采用通常的再碱化方法接线进行通电处理。但是，把预应力钢筋作为阴极进行再碱化处理时，在处理期间，通电时间可断断续续，不要从开始一直到结束连续地通电。

(5) "环境"的调查

CO_2 浓度特别高的情况下，在这种特殊环境下，电解质溶液的 pH 值降低了，再碱化的作用发挥不好。

此外，例如有可燃气体工作场所，防爆作业范围时，这是危险的。应计划在工厂停止作业时，再进行再碱化的通电作业。

再碱化工法的标准施工顺序如下：①前处理；②组建通电系统；③直流电流的通电处理；④撤除系统，恢复原状等上述各阶段。实例如表 21-1 所示。

（6）其他应用再碱化工法的结构，其效果和持续性要作为一个项目去调查。例如，要测定钢材的自然电位，把处理前后的钢材自然电位作比较，判断再碱化工法的效果。

再碱化工法的标准施工顺序　　　　　　　　　　　　表 21-1

顺　　序		内　　容
设计需要的调查		外观调查,掌握钢材的位置,中性化深度的测定等
1	前处理	除去混凝土表面的覆盖材料 混凝土表面的劣化部分的修补 混凝土表面的电流障碍物的处理
2	通电系统组建	阴极线路与钢筋连接,通电试验,确定线路联通 在混凝土表面安装临时阳极 直流电源的配置与线路安装 供给电解质溶液
3	直流电流通电处理	直流电流通电 确认再碱化处理效果
4	撤去系统恢复原状	清扫,撤去临时安装系统,恢复原状(表面保护等)
5	维护管理	参阅维护管理篇

21.2　调查混凝土中性化深度

采用再碱化工法期待的效果，以及为了设计必须进行的有关调查；临时阳极的方式，通电条件，直流电源的选定，以及要否与表面处理工法并用等。

21.3　临时阳极要求的性能

再碱化工法的临时阳极，一般是由阳极材料、电解质溶液和保持材料组成。因此组合阳极必须满足以下各项性能：（1）通电期间，阳极材料必须能给混凝土均匀的供给直流电。临时阳极在通电处理过程中会受到电蚀作用，使阳极材料的断面大幅度减少损耗会发生直流电流不能流通的状况。此外，两性金属，如 Zn、Al、Pb、Sn 等不能使用。这样，流入混凝土的电流密度不均匀，电解质溶液的电化学渗透作用发生离散，局部混凝土也可能没有充分再碱化。因此，要选择通电期间不受电蚀作用的阳极材料，如钛金属和钛合金材料。或者考虑到电蚀作用，阳极断面虽然受损，但也能供给混凝土充足的直流电的阳极材料，如铁为阳极材料，设计时要考虑到即使电腐蚀也有足够的断面输送电流。(2) 电解质溶液必须能渗透到钢筋附近的混凝土，使碱性恢复、pH 值提高。电解质溶液一般选用碱性溶液，能容易为电流渗透。使用能和 CO_2 与水反应维持平衡的溶液，如碳酸钠溶液碳酸钙溶液等。(3) 保存电解质溶液的保持材料，在通电期间能保持住电解质溶液。使用保持材料能保存电解质溶，使混凝土表面处于润湿状态。

21.4　临时阳极方式的选定

采用再碱化工法的结构物，必须考虑到结构混凝土的形状、周围环境条件、碱性溶液供给的方式等特点去选择临时阳极方式。已经被使用的临时阳极方式如表 21-2 所示。临时阳极材料的和电解质溶液实例如表 21-3 所示。

临时阳极方式　　　　　　　　　　　　　　　　　表 21-2

方式	溶液的保持方法	特　　征	
		优　　点	缺　　点
纤维喷涂形式	通过纤维保水	混凝土复杂表面也可施工应用，水平面，垂直面均可施工应用	电解质溶液蒸发渗漏大
板状安放形式	用板做成贮液槽	电解质溶液不易蒸发渗漏；水平面，垂直面均可施工应用	复杂形状表面施工难
席子铺放形式	通过席子保水	施工容易	只限于水平面（板）及垂直面（墙壁）；复杂表面施工困难

阳极材料和电解质溶液实例　　　　　　　　　　表 21-3

阳极材料	焊接金属网、钛金属、贵金属合金网等
电解质溶液	$NaCO_3$、K_2CO_3 的水溶液等

21.5　通电条件的决定

根据下述条件，决定再碱化工法通电处理的有关参数：（1）电流密度；（2）通电处理时间长短；（3）电流线路。

1. 电流密度

考虑到成为阴极的钢材量、混凝土的密实度、钢材保护层厚度等因素，选择适当值。但是，为了保证再碱化工法施工的安全性，选择的电压值对人体来说必须是安全值。而为了再碱化，混凝土每平方米表面积的电流密度须 0.3A 以上。如果电流密度 20A/m² 以上，通电 10 天左右，混凝土就会出现重大开裂。因此，无论如何，电流密度不能过大。根据现有施工工艺电流密度 1.0A/m² 是标准采用值。

2. 通电处理时间长短

通电时间要根据电流密度，中性化深度等决定。而至今为止的施工实例，每次再碱化施工，连续通电 14 天左右是标准的。

3. 电流线路

要根据再碱化工程的结构物、构件的类型、钢材的保护层厚度、混凝土的密实度、直流电源装置的能力、导线的粗细及根数去确定。特别是如保护层厚度和混凝土密实度变化很大，电流密度就不均匀，再碱化效果很难获得预期效果。在这样的情况下，要把电路分割开来，根据混凝土的强度等级，密实度及保护层厚度，分别选用不同的线路。

21.6　直流电源和电路电线的选定

采用再碱化工法施工时，直流电源装置和电路电线，必须要满足以下性能。

（1）直流电源装置，必须具有充分供给电流的能力，直流电流输出端的极性要能充分明确。此外，如果阳极与阴极的接线接反的话，混凝土会造成严重的开裂。因此，在施工中使用的直流电源要尽可能标志出阴极和阳极，使电源装置在使用时不发生错误。

（2）输出电流的极性不能逆转。混凝土中的钢材（钢筋）是阴极，由于通电处理能防腐蚀。另一方面，混凝土表面安装的临时阳极，在通电处理期间，受到电化学腐蚀作用。因此，在通电处理过程中，从直流电源输出的直流电流的极性变反时，混凝土中的钢材（钢筋）会受到腐蚀作用。其结果，钢材的腐蚀激烈增大。使混凝土发生致命的开裂。要使这种事态不发生，必须要使从直流电源装置输出的电流，极性不能逆转。

（3）输出电压对于人体需在安全值的范围以下

在混凝土再碱化工法中，混凝土中的钢材（钢筋）是阴极，而混凝土表面安放临时阳极，输送直流电。因此，在通电中，通电范围的混凝土表面接触时就感触到有电。此外，为了确保施工安全，再碱化处理的电压值，必须在人身安全允许值以内。电压安全值与表面有否保护器件而变化。作为一个例子，可考虑在50V 以下。

（4）使用的导线，必须包裹绝缘，通电时不发生障碍，有足够容量，并符合有关标准。

21.7　断面修复材料等的选定

在再碱化工法中，断面修复和开裂部位所用的材料，最好选用具有以下性能的材料。

断面修复材料：抗压强度要与混凝土强度同等或稍高，和旧混凝土的粘结强度，应等于或大于旧混凝土的抗拉强度。修补裂缝选用的材料，必须具有使裂缝闭合的能力。

采用再碱化工艺处理的混凝土结构，如混凝土有剥离，剥落及开裂等劣化部位，在安装临时阳极之前必须把损伤部分修复。如不修复，临时阳极和内部钢材之间会发生短路，混凝土部分电流流不过去，可能局部再碱化处理不良。对修补材料要求抗压强度、粘着强度及封闭性等，如对结构无害的裂缝，事先可用硅胶等绝缘材料修补。其目的是防止短路。

21.8　再碱化处理后，表面处理的研究

采用再碱化工法后的混凝土结构，会担心由于雨水等的作用，电解质溶液会从混凝土中释放出来，引起再次发生中性化。为此，需要研究对混凝土表面处理。首先，再碱化处理时，混凝土要有充足的电解质溶液供应，混凝土表面有充分的润湿状态；再者，电解质溶液的 pH 值 10 以上，再碱化处理后混凝土表面的 pH 值也高。因此，对表面处理要考虑到上述情况。可用砂浆、耐碱性底层涂料、表面抹灰、无机系碱性抹灰材料等，均可使用。

第 22 章　再碱化工法的施工应用及维护管理

22.1　概述

在再碱化工法施工的时候，必须确定施工顺序，并与相关标准一致。如土木工程通用的标准，土木工程安全施工技术指南，电化学设备技术标准，以及相关标准为依据。

采用再碱化工法维修处理后的混凝土结构，要进行适当的管理，必须保存好施工结果的相关记录。施工过程中，应该记录的项目如表 22-1 所示。

<table>
<tr><td colspan="2" style="text-align:center">标准的记录格式及项目　　　　　　　　　　表 22-1</td></tr>
<tr><td style="text-align:center">工　种</td><td style="text-align:center">记 录 项 目</td></tr>
<tr><td>劣化部位的修补</td><td>劣化类型,范围,修补方法</td></tr>
<tr><td>钢筋及 PC 钢材的导通</td><td>试验方法,确认位置,确认结果</td></tr>
<tr><td>钢材(钢筋)与电源阴极的接线</td><td>设置方法及位置,连接方法和结果</td></tr>
<tr><td>临时阳极的设置</td><td>标准,设置方法及位置</td></tr>
<tr><td>电解质溶液(通电开始前)</td><td>种类,浓度,pH 值,确认方法与结果</td></tr>
<tr><td>电解质溶液(通电中)</td><td>pH 值的确认方法与结果,溶液补充余量</td></tr>
<tr><td>直流电源设备的设置</td><td>标准,最大电流值,最大电值</td></tr>
<tr><td>通电调整(刚开始通电时)</td><td>输出电流值,输出电压值</td></tr>
<tr><td>通电调整(开始通电中)</td><td>输出电流值,输出电压值</td></tr>
<tr><td>确认再碱化工法的效果</td><td>混凝土中性化深度</td></tr>
<tr><td>再碱化工法处理后的维护管理</td><td>外观目视,中性化深度,钢材的自然电位等</td></tr>
</table>

22.2　施工准备

对采用再碱化工法维修的结构物，在工地现场，必须确定以下相关的项目：

1. 再碱化工法处理面积和位置

要根据施工维修的结构物，需要处理面积及其位置，计算出脚手架的位置，和再碱化维修后采用的养护方法，必要的机械设备与器材，直流电源装置与数量等，这对施工准备是很重要的。此外，在施工时，把工程分割成双数的块数，而且要把要修补的原始面积计算出来。

2. 施工预定时间和季节条件，施工环境

考虑施工预定时间的季节条件和周边环境，决定施工现场的养生方法。特别是，在再碱化工法中使用的电解质溶液，在冻结环境下，还要研究其对策。

3. 水，电的供应

再碱化工法，原则上是昼夜不停地向混凝土通电，必须要有稳定的电力供应，因此希望使用商业用电。

此外，制造电解质溶液时必须用水，通常的自来水可用，不能用河水及海水制造电解质溶液。

22.3 再碱化工法施工前的处理

1. 再碱化工法的正常操作及效果。再碱化过程中，会出问题的是劣化部分。必须通过适当的方法进行调查，再碱化工法混凝土的劣化部位，及可能影响再碱化效果的地方，需要目测或用敲打方式，进行以下方面的调查：

（1）混凝土和电阻不同的断面修复材料和表面处理材料；

（2）剥离部位和麻面部位；

（3）开裂部位与剥落部位；

（4）露出的钢材，露出的金属，及漏水部位。

2. 修补范围的混凝土表面，需要进一步确认以下有关内容，并采取相应措施：

（1）混凝土表面有否处理材料，是否清理干净。表面涂装等处理材料，一般是绝缘的，因此，再碱化工法施工前，必须将其清除。

（2）混凝土有否劣化部位及其处理。要清除混凝土表面剥离部位及麻面部位，并用无机材料修复。特别是从混凝土表面到钢材（钢筋）位置处，如有麻面和浮动部位，会使通电处理发生短路。因此要修复或用绝缘处理。

（3）混凝土有否开裂部位、断面修补部位，修补情况。这也会影响再碱化工法施工过程中通电效果和造成短路。因此，首先要修复断面，可用无机修补材料或环氧树脂或丙烯酸树脂等进行修复。

（4）有否对电化学处理发生障碍的部分，处理情况。如混凝土表面有外露金属，可通过外观调查和用金属探测器检查。电化学处理时，外露金属会造成短路，所以必须进行绝缘处理。此外，在混凝土施工过程中，可能还有金属棒等残留在其中，也会在再碱化工法施工过程中发生短路，要对残留金属棒等进行绝缘处理。也可以用环氧树脂、丙烯酸树脂或硅树脂进行绝缘处理，清除电化学反应的障碍。

22.4　钢材（钢筋）的导电和通电情况

采用再碱化工法的混凝土结构中的钢材（钢筋），必须每个电流线路都组成一个整体。如发现导电、通电不良的时候，必须采用适当的方法确保钢材的导电和通电。

用再碱化工法的电解质溶液安放在混凝土的表面，位于混凝土表面的临时阳极和阴极（混凝土中的钢材）之间有直流电通过。由于这种电流，碱性溶液才能渗透到混凝土中。因此，采用再碱化工法的结构，希望电流能均匀通过钢材。为此，全部钢材要进行导电和通电检测。通常，混凝土结构中的钢材是由钢筋组合、型钢和钢筋焊接、PC 钢材和套管连接，PC 钢材用螺栓与钢筋接合等。此外，在一个结构物中，考虑全部钢材都采用同一组电路系统。例如，梁、柱、板等同一个构件内，或者构件与构件之间有两处以上的钢材能确认导电和通电。

在采用再碱化工法的结构物范围内，可能附带有金属水管和型钢等附属的结构物，由于通电，有直流电流输入。钢筋和 PC 钢材的电流还没导通的情况下，有可能发生电蚀。为确保钢筋和 PC 钢材的导电和通电或者暂时脱离开，在金属配制的水管及型钢通路等的附属结构物周边，安放临时阳极，为了不受直流电流的影响，要离开一定距离，一般是 20cm 以上。

22.5　钢材（钢筋）与电源阴极的接线

在通电处理期间中，从直流电源输出电流供给钢材，混凝土中的钢筋与阴极连接。要确认阴极钢材的位置，可用钢筋探测器探查钢筋位置。要注意到连接阴极的钢材处以外的混凝土不要受到损伤。与阴极连接的导线，在通电期间能联系供给电流，因此，钢材与导线的连接要有一定的方法。

与阴极连接的导线根数少的时候，导线和钢材连接处和导线本身输入的电流过大时，会发生电压损失等方面的障碍。相反，导线连接的根数过多时，为了连接导线，会伤害到更多的混凝土，为此，导线的根数要适宜。阴极导线的许可电流容量，必须考虑到连接的钢材粗细及接线方法。根据过去的经验，1 个地方/$30m^2$ 左右。但采用再碱化工法的混凝土面积小的时候，钢材的电流没有通导的部位还会有，对结构物的形状复杂时，接线可适当增加。

22.6　临时阳极的设置和电解质溶液的供给

1. 设计最基本的是要把临时阳极一侧的电流电路分开。在阴极一侧的钢材，通常电流是通导的，因此电流线路分开的话，主要还是临时阳极一侧。临时阳极电路划分要在设计及调查结果的基础上。

2. 临时阳极的设置是以采用再碱化工法处理的混凝土结构全部表面作为基准。临时阳极使直流电流在混凝土表面均匀流过的同时，还使电解质溶液在混凝土中电化学渗透的作用。为此，临时阳极用的阳极材料在混凝土表面安放的间距由数毫米～数厘米左右，而且采用再碱化工法处理的混凝土结构全部表面都需要安放。

3. 电解质溶液的供应量，要根据在混凝土中的渗透量，并考虑到由于气候使电解质溶液蒸发等方面的因素加以确定。

电解质溶液是为了使混凝土得到再碱化使用的材料，同时也使混凝土电阻值降低，因此，再碱化处理时的电阻值，一般为 50V 以下，作为安全值。混凝土表面的电解质溶液保持为水溶液或潮湿状态是很有必要的。在再碱化施工过程中，由于气温湿度及风雨等作用，电解质溶液自然减量是可能的。因此要有充分储备，保证供给。

22.7　直流电源的设置与配线

1. 直流电源装置要安放在平坦稳定的地方

按照设计选择具有充分能力的直流电源装置，必须能联系地供给电流，且对结构不发生安全方面的影响，必须确保不会发生异常的电流值和电压值。

2. 配线，要能区别阳极侧和阴极侧

如果直流电源输出的电流的极性接反了，配线混同了，配线之间就会发生短路现象，就有可能电线烧损和电流发生故障的危险。而且，混凝土中的钢材的极性也逆转了，也即是钢材变成了阳极，钢材就发生激烈的电蚀，导致混凝土发生严重的开裂。因此，为了容易判断配线的极性，导线要用不同颜色分开管理。

22.8　开始通电和通电过程中的管理

（1）开始通电后，再碱化处理面积相当的所规定的电流值供给直流电流，而且要确认不发生异常的电流值和电压值。

从直流电源供给混凝土电流的控制方式是额定电流的方式，输出电压最大值对人体无害，一般在 50V 以下，希望以此值控制电源输出的电流。开始通电后，原设计从电源装置输出的直流电流值是否按正确方向流向混凝土结构物，其分布如何，可用直流电流计或组合式仪表进行确认。通常由于混凝土保护层厚度变化，钢材量的变化，电流值会发生若干离散性，电流值的离散性在正负 3.0‰ 左

右没问题。如离散值超过此范围：①导线之间，或者是钢材和导线之间连接不良；②可能钢材和临时阳极之间发生了短路现象。此外，要测定电压值，可用万用表进行。其结果，输出电压的设定最大值为 50V 以下，如超过此范围就会发生导线断线，电解质溶液不足等问题，要追查原因，采取适当措施。

通电当日或次日，电解质溶液不能充分供应混凝土表面附近，如发生这样的情况，可能是混凝土的电阻值大，电流和电压值不稳定。造成上述值测定不出来，因此混凝土要具有充分潮湿状态。

（2）通电处理期间

在通电过程中，由于电解质溶液，使混凝土表面处于潮湿状态。因此在通电过程中必须补充电解质溶液，而且要确认电解质溶液的 pH 值。电解质溶液量不足时，电流值降低，电压值上升，要用遥控装置，监视通电的状况。

（3）在通电过程中，要检查直流电源装置，临时阳极，电解质溶液及电路等。

要获得充分的再碱化处理效果，直流电源装置，阳极材料，电解质溶液，以及线路等要经常检查。根据检查结果，判断再碱化过程有否障碍，进行适当处理。检查项目如表 22-2 所示。

通电处理过程中检查项目　　　　　表 22-2

装置名	项目	内　　容	方法	判　断　基　准
直流电源装置	外观	确认设置状况	目测	在平坦稳定处设置
		确认涂装损伤生锈	目测	无损伤生锈状态
		确认配电室门的关闭	目测	能关闭,转动
		调查输出接点损伤及腐蚀	目测	无损伤生锈
		确定配线和输出端接线部位状况	目测	接线处无离开松动
	移动状况	确认指示灯是否亮	目测	指示灯亮的状态
	计测	确认输出电流或电压显示状况	测定	按设计流量输出,电压在设计最大值以下
阳极材料	外观	确认阳极材料和配电间的连接	目测	接线部分无腐蚀和电蚀
电解质溶液	计测	确认电解质溶液的 pH 值	测定	pH 值应处于预定状态
保持材料	外观	确认电解质保持材料的润湿状态	目测	电解质溶液充分润湿状态
配线等	外观	确定配线等有否损伤	目测	有明显污染处不受损伤
		确认配电接线部状态	目测	接线部分无腐蚀和电蚀
	计测	确认通过电流量	测定	设定的电流量没有显著变动

22.9　再碱化效果的确认

（1）通电处理完毕后，从混凝土中取样，检查是否还有中性化部分。取样前，用钢筋探测器检测钢筋位置，在钢筋附近取样，用酚酞试液测定，滴上酚酞试液后，观测试件高度颜色的变化，如全部变红，则再碱化效果较好。如酚酞液滴上后反应较慢，可适当喷上蒸馏水，使表面润湿，加快反应。如仍有部分没反应变红，则需分析位置及量化，如确认效果不良，则要再次再碱化处理。

（2）所取试样应从混凝土表面到钢筋位置，取样包括保护层深度，而且要尽量避免结构物受到损伤。

（3）在效果确认时，判断为再碱化处理不够充分的情况下，应再次通电处理，直至认为处理效果很充分为止。在再次通电处理之前，应全面检查系统有否异常的情况。如有异常，例如阳极材料与钢材之间的短路现象，那就应防止异常后再进行再次通电处理。

22.10　通电完成后的处理

通电完成后，撤去混凝土表面临时阳极后，对混凝土表面要进行清扫，修补螺栓孔洞及检测中性化取样孔洞等。

第23章 再碱化工法实施例

23.1 纤维砂浆喷涂方式

1. 主要使用材料和特征

采用纤维砂浆喷涂法进行再碱化的方式，主要使用材料和特征如表 23-1 所示。

主要使用材料和特征　　　　　　　　　　　　　　表 23-1

主要材料	材料的质量	施工方法例	材料的具体例
纤维 （保持材料）	吸水性,保水性要高。 例如:饱水率＞500％对人体无害	喷涂 抹灰	纤维素系纤维,如废旧纸纤维等
阳极材料	通电期间,能供给混凝土电流	从混凝土表面数毫米～数厘米左右用塑料螺栓固定	铁和 SUS 等的焊接网（断面要留富裕）钛金属及其合金网等
电解质溶液	pH 值高,稳定性好	喷雾,喷涂,泵送循环	Na_2CO_3、K_2CO_3 及 Li_2CO_3 水溶液

2. 结构物概要

铁路高架桥，在日本1972年5月竣工，经过26年使用，发现中性化问题。设计荷载 KS-18。由 21 根 T 形桁架梁连接而成，单行线，由 2 个主桁架并列组成。

3. 选定再碱化工法的原因

采用再碱化工法维修前几年，混凝土已发生开裂和剥落现象，并对断面进行了修补，但是不久又出现了类似的裂缝情况。

对混凝土结构外观健全处测定了中性化深度。在钢筋保护层 20～40mm 处，检测出中性化深度 30～40mm，而且确认钢筋已生锈。沿着桁架翼缘箍筋已发生双重裂纹。调查结果认为，结构混凝土裂缝和剥落，是由于中性化引起的。从裂缝注入修补材料，修补结构断面后，再采用再碱化工法修复。

4. 施工概要

采用再碱化工法，对桁架翼缘下部 400m² 左右底板进行修复。处理前，对混凝土结构劣化部分进行修补，并进行电路处理，以免发生故障。

把阴极端线路与混凝土中的钢材连接，作为结构中内部电极。混凝土表面的阳极材料（焊接金属网）离表面 2cm 左右，用塑料连接件固定，与阳极导线连接，然后用纤维和电解质溶液（碳酸钾溶液）喷涂在混凝土表面。

将阴极导线和阳极导线与直流电源相连接，开始通电。在通电期间，相应地补充必要的电解质溶液到纤维中去。确认从直流电源输出的电流和电压，检查供给混凝土的电流量是否为 $1A/m^2$ 的流量。通电处理 14 天结束，从混凝土中取样，测定中性化深度。

确认混凝土结构得到了充分的再碱化之后，撤去混凝土表面设置的纤维，阳极材料和其他的临时材料（如塑料固定螺栓等），修补表面孔洞清理和恢复混凝土表面。

5. 临时阳极

使用焊接金属网片作为阳极材料，如图 23-1（a）所示。使用碳酸钾溶液为电解质溶液，碱溶液保持材料采用纤维素纤维，如图 23-1（b）安放临时阳极及喷涂碱性。电解质溶液如图 23-1 所示。

(a)　　　　　　　　　　　　　　　(b)

图 23-1　再碱化工法的施工应用

(a) 安放临时电极；(b) 喷涂含碱溶液保护层（含木质素）

6. 结果

用酚酞试液滴定进行确认，处理前中性化深度 30～40mm，再碱化处理后中性化深度为零。

纤维砂浆喷涂法施工流程：

混凝土表面处理→钢材与阴极连接→喷涂纤维砂浆碱溶液→安放阳极材料→直流电流通电→溶液的补充→再碱化效果验证→拆除，清扫。

23.2　板状方式

1. 主要使用材料和特征

板状方式的阳极主要使用材料和特征如表 23-2 所示。

主要使用材料和特征　　　　　　　　　　表 23-2

主要材料	材料的质量	施工方法例	材料的具体例
板 （保持材料）	耐腐蚀性良好,具有良好的止水性,加工性良好	用螺栓或支撑材料固定在混凝土表面	塑料制的平板,周边有良好的止水性能
阳极材料	通电期间,电流能稳定供给	在板的内侧临时固定	钛金属及其合金网等
电解质溶液	pH 值高,稳定性好	喷雾,喷涂,泵送循环	Na_2CO_3、K_2CO_3 及 Li_2CO_3 水溶液

2. 结构物概要

铁路高架桥,入板型刚构高架桥。

3. 选定再碱化工法维修的原因

修补之前 10 年,已出现了混凝土的开裂和剥落并进行了断面修复。但经若干年后,又出现了相类似的变状。试验进行了脱盐工法及再碱化工法对混凝土结构修补。对混凝土结构进行了中性化深度测定,在健全部位是 20mm,因为保护层厚度最小是 30mm。检测氯离子浓度最大处为 $0.75kg/m^3$。

4. 施工概要

脱盐工法后进行再碱化维修前处理,内部电极安装和 26.1 节的做法相同。周边止水用透明氯乙烯板,阳极材料用钛网,并与阳极导线连接。整个阳极用平板固定在混凝土表面上,阴极导线与阳极导线和直流电源相接,开始通电。在通电期间,电解质溶液循环供应,预定通电时间结束后,剩下的工序与 26.1 节相同。归纳其施工流程如下:

混凝土表面处理→钢材与阴极连接→板状系统的设置,供给电解质溶液→直流电流通电→溶液的补充→再碱化效果验证→拆除,清扫。

5. 临时阳极

使用钛金属网为阳极材料,如图 23-2 所示。使用碳酸钠溶液为电解质溶液,使用塑料板容器存储电解质溶液。

6. 结果

用酚酞试液滴定确认其效果,处理前中性化深度 20mm,处理后中性化深度为 0,而且处理后跟踪确认中性化深度仍为 0。

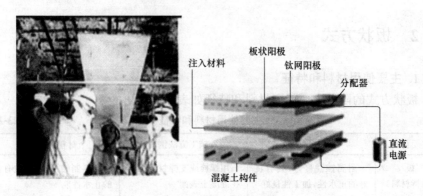

图 23-2　板式施工实例

23.3　薄板形式

1. 主要使用材料与特征

薄板形式阳极主要使用材料和特征如表 23-3 所示。

主要使用材料和特征　　　　　　　　　　　　　　　表 23-3

主要材料	材料的质量	施工方法例	材料的具体例
保水薄板 （保持材料）	保水性良好,加工性良好	用螺栓或支撑材料固定在混凝土表面	保水薄板,塑料螺栓固定
阳极材料	通电期间,电流能稳定供给	溶液存贮于板的内侧临时固定	金属及 SUS 等焊接金属网等
电解质溶液	pH 值高,稳定性好	填充于溶液贮溜堰内侧	Na_2CO_3、K_2CO_3 及 Li_2CO_3 水溶液

2. 结构物概况

历史性建筑物,1928 年 7 月竣工。在采用再碱化工法维修时,已经历了 70 年。钢筋混凝土结构。

3. 选定理由

作为古建筑保存起来的结构物,进行中性化深度检测,即使外观健全部分,中性化深度也达到了 80mm,钢筋已受腐蚀。对盐害,中性化及碱骨料反应部分,检测了伺服电位,经检测分析,实现再碱化工法维修是能保证今后耐久性的重要环节。有发生裂缝部分和剥落部分,先修复后再进行再碱化维修。

4. 施工概要

进行再碱化工法维修的室内外面积 $11000m^2$,室内,地板部分用薄板形式阳极进行再碱化施工。前处理,内部电极安装,与纤维方式相同。施工流程如图

26-3 所示。

混凝土表面处理→钢材与阴极连接→薄板系统的设置，供给电解质溶液→直流电流通电→ 溶液的补充→再碱化效果验证→拆除，清扫。

混凝土表面用保水性良好的薄板作为阳极材料四角用重石压制，阳极材料和阳极线路相连接，撒布电解质溶液后，阴极导线和阳极导线与直流电源相接，开始通电。在通电过程中，供应必要的电解质溶液，按预定通电时间后，撤去混凝土表面设置的阳极材料和其他的临时材料（如塑料固定螺栓等），修补表面孔洞清理和恢复混凝土表面。

5. 临时阳极

用钛金属网为阳极材料，碳酸钠溶液为电解质溶液，薄板为电解质溶液保持及供应的材料。

6. 结果

用酚酞试液滴定确认其效果，处理前中性化深度最大 80mm，处理后中性化深度为 0，而且处理后跟踪确认中性化深度仍为 0。

第24章 电化学植绒工法概要与适用范围

水中（海水中）存在电解质，通过电脉，使这些电解质析出，排放在混凝土表面及裂缝表面，使混凝土表面到达致密化以及修补混凝土开裂损伤的工法。

24.1 原理

所谓静电植绒工法，是以混凝土结构物中的钢材为阴极，电解质溶液中安放临时阳极，经过一定期间的通直流电流，使不溶性无机物质成为电植绒物沉淀到混凝土结构物表面的一种工法。

电解质溶液中的混凝土结构物，以混凝土中的钢材（钢筋）为阴极，相对应的在电解质溶液中设置阳极，在两极之间经过数个月的通过直流电，由于钢材表面的电化学反应（阴极反应），使渗透到混凝土中的电解质溶液分解，生成 OH^- 离子，其浓度逐渐升高的同时 pH 值也升高，接着发生液相反应，混凝土内部和表面和电解质离子相结合，析出无机的电植绒材料。电植绒物质的析出反应的一般方程式如式（24-1）和式（24-2）所示。

$$2H_2O+2e \rightarrow H_2 \uparrow +2OH \tag{24-1}$$

电化学反应（阴极反应）

$$mA+nB \rightarrow A+Bm \tag{24-2}$$

（液相反应）

通常，混凝土结构物在海水的情况下，混凝土从表面都为电解质的海水浸透的时候，在阴极钢材表面，海水的电化学反应（阴极反应）和液相反应。渗透入混凝土中的海水，钙离子，$CaCO_3$，$MgCO_3$ 和 $Mg(OH)_2$ 析出。这些静电植绒物的主要成分是由 $CaCO_3$ 和 $Mg(OH)_2$ 组成。（Ca/Mg）比，可使阴极钢材表面的电流密度变化而变化。电流密度平均为 $0.5A/m^2$ 时，Ca/Mg 约为 1.5 以上，析出的静电植绒物具有优异的耐久性。

静电植绒物的析出量（$g/m^2 \cdot h$），与电流密度（A/m^2）和通电时间（h）成正比，但随着混凝土表层的填充，空隙率减少和透水性降低，析出量逐渐减少。

静电植绒的工法原理如图 24-1 所示。

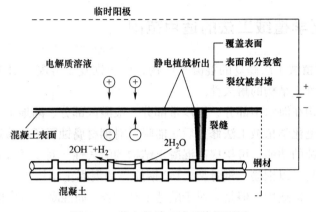

图 24-1　静电植绒工法系统概要图

24.2　电化学植绒工法修补预期的效果

1. 通过电化学植绒工法修补混凝土结构后，封闭了混凝土的裂缝，由于表层致密化，提高了混凝土的密实性，也提高了混凝土抑制腐蚀因子渗透的能力。

混凝土结构物，由于氯离子等腐蚀因子的渗透扩散，在混凝土中逐渐积累，浓度提高，使内部埋设的钢材防腐蚀功能受到损害。当达到某极限值时，钢材发生锈蚀，体积膨胀，使保护层混凝土开裂。氯离子等腐蚀因子从开裂处直接进入钢筋表面，使腐蚀进一步加速，混凝土结构物的安全使用受到了危害。通过电化学植绒工法修补，受到腐蚀的钢筋表面被碱性物质覆盖，使钢材表面恢复了不动态皮膜，从而恢复其防腐蚀功能。此外，对混凝土开裂处及劣化因子容易渗透扩散的部位，通过电化学植绒工法使其封闭，混凝土接缝处也有电化学植绒物析出，同时也把混凝土积累的氯离子等腐蚀因子带出来，表层混凝土进一步致密化。由于混凝土表面为析出的电化学植绒物覆盖，表层致密化，电解质溶液的渗透，抑制了氯离子等劣化因子的侵入，从而保证了结构物的耐久性。

此外，从电化学植绒工法的原理来看，可期待其和脱盐工法、再碱化工法有同样的效果。

2. 采用电化学植绒工法修补的结构物，由于电化学植绒物质的孔结构非常致密，混凝土表层用电化学植绒物填充覆盖，使混凝土的透水系数明显降低，经过约 5 个月通电植绒后，混凝土的透水系数，从原来的 1.0×10^{-9} cm/s 降为 2.7×10^{-11} cm/s，约降低到 1/40。抑制了从外部渗透的氯离子约 1/5，改善了混凝土的性能，成为透水性低的高性能混凝土。此外，电化学植绒物在溶液中不溶解，耐久性高。混凝土的密度、pH、组成、结构硬度和孔结构等物理化学性质没有变化，能确保防腐蚀等方面的性能。

24.3　电化学植绒工法的适用范围

1. 电化学植绒工法修复的混凝土结构，由于恢复了混凝土对钢筋保护的功能，能提高混凝土结构的耐久性。

混凝土结构在海水中部分、潮汐带部分、浪溅区部分、陆地上部分及地下土中部分，采用电化学植绒工法修补后，能降低对钢材腐蚀因子的渗透，恢复混凝土对钢材防腐蚀的功能，可望提高混凝土结构的耐久性。对于适合采用这种工法的混凝土结构物，以钢筋、钢骨架、PC 钢筋等的混凝土结构为主，对钢材与混凝土复合的沉箱也适用。但是，对于陆地上结构物，如混凝土高栏也有采用的。

在陆地上和地下混凝土结构物采用这种工法修补时，对电解质溶液的性能、临时阳极的配置、通电条件等，要事前掌握对电化学植绒物析出的速度及性能的影响。

2. 电化学植绒工法对已有的和新建的混凝土结构物的裂缝均可修补。凡是修补裂缝的结构，均可采用此种工法。

钢筋混凝土结构物发生裂缝的主要原因：外因是环境条件和使用条件，内因是施工条件。电化学植绒工法对于上述内因或外因产生明显开裂的混凝土结构，都可修补，或者预测混凝土结构的开裂，或者担心混凝土结构物中钢材的腐蚀，等等，均可采用。

通过电化学植绒工法，封闭了混凝土结构的裂缝，混凝土表层致密化，提高了混凝土的性能，抑制了钢材的腐蚀。特别对于混凝土结构的早期劣化最有效。对于已发生劣化损伤的结构物也可采用。

根据劣化状况等级，考虑能否采用电化学植绒工法，见表 24-1。也即是在海水中的结构完全适宜采用电化学植绒工法进行修补。但是，在海水中结构处于潮汐带或浪溅区部分，或者大气中部分，如何采用电化学植绒工法进行修补，需要研究。

结构物的外观等级和劣化状态　　　　　　　　　　　表 24-1

适用对象			适宜采用该工法结构物外观等级				
			潜伏期	进展期	加速前期	加速后期	劣化期
已有结构物	陆地上	△					
	大气中	△					
	浪溅区	△	○	○	○	○	○
	潮汐区	△					
	海水中	○					
新建		○					

注：○—适宜采用静电植绒工法的结构；
　　△—需要进一步研究，是否能采用静电植绒工法的结构。

第 25 章　电化学植绒修补工法的设计

采用电化学植绒修补工法，对结构物进行修补时，首先要进行电化学植绒修补工法的设计，要对该结构物进行调查；然后对结构物的开裂程度，要全面考虑，采用电化学植绒修补工法进行修补，能否达到预期的效果。

25.1　设计前的调查

（1）由于盐害而使混凝土结构物产生裂缝，采用电化学植绒修补工法进行修补是可行的。但是，除盐害的劣化因子外还有其他劣化因子造成开裂的结构物，即使可以采用电化学植绒修补工法，但其效果必须得到充分保证，要根据劣化原因选用修补工法，因此首先要明确劣化原因。

（2）对混凝土的外观调查，主要包括：1）有无裂缝、裂缝长短及所处位置；2）混凝土有无剥离，剥离的位置及面积；3）表面有无处理材料，处理的位置与面积，这些信息不仅对采用电化学植绒修补工法进行修补是重要的，对用电化学植绒修补工法与其他修补工法配合使用也是基础参考资料。特别是处于海洋环境的混凝土结构物，处于水中部分或潮汐区部位，表面附着微生物及植物，用目视测定其厚度和种类之后，必要时还要剥开表层，观测混凝土有否开裂和剥落情况。一般情况下，采用电化学植绒修补工法，修补的结构裂缝宽度为 0～数毫米的范围。

（3）作为混凝土性状的调查

从已确定采用电化学植绒工法修补的混凝土结构物，确定取样点，钻芯取样，进行孔隙率，透水系数等检测分析，掌握混凝土的性状。而采取的芯样及取样位置，需要考虑到实际结构物的形状、大小、所处的环境等。不要因取样而使结构物受损伤。

（4）混凝土中钢材（钢筋）的调查

包括保护层，钢材（钢筋）的种类，配置，导电与通电的状况，以及混凝土表面有否电流障碍物等，作为确定电流密度的大小及临时阳极的配置等的基础资料。钢材和阴极接线的位置和根数及电流线路的集中与分散，作为计算出直流电源的容量和台数的基本资料。

钢材类型的调查，钢筋和型钢等的普通钢材，或预应力混凝土的 PC 钢材等，调查其高抗拉钢筋的数量与分布。普通钢材作为阴极时，进行一般通电处理就可以了，但是高抗拉预应力钢筋作为阴极时，在通电期间必须考虑电流密度的大小。

此外，作为电化学植绒修补工法效果，其持续性能的调查方法，可通过电化学测定混凝土中钢材的自然电位。利用校准电极和电位差计，以及在施工对象中选择代表性的部位测定自然电位，对比处理前后的测定值，这对电植绒工法处理后的跟踪调查是有效的，是可行的。

（5）对结构物所处环境条件的调查

处于海洋环境下的混凝土结构物，电解质溶液受海水的波浪、涨潮退潮、潮位及水温等的影响而发生变动。因此，结构物建造的场所、水深、海气象等方面的信息，阳极材料及通电线路等在海水中架设和保持的方法，确定阳极配置，通电条件等，这都是很必要的。

25.2 设计时要考虑结构物开裂的程度及裂缝分布

电化学植绒修补工法设计时，要考虑结构物开裂的程度及裂缝分布，期待的效果，及设计前的调查，选择临时阳极，通电条件及选定直流电源等。

电化学植绒修补工法的修补顺序大致如下：1）前处理；2）通电系统的组合与建立；3）直流电源的通电处理；4）各阶段通电系统的撤除等。以这些修补顺序为内容的工法实例如表 25-1 所示。

电化学植绒修补工法设计流程实例　　　　　　　　表 25-1

修补顺序		设计内容
设计前的调查		外观调查,混凝土性状调查,钢材调查,当地环境调查
1	前处理	混凝土表面附着生物清除方法
		断面缺损的修补方法(断面修复等)
		混凝土表面电化学障碍物的绝缘处理方法
2	通电系统的组合与建立	电解质溶液的评价和选定
		电流密度和通电时间的研究
		临时阳极的选定,临时阳极配置设计,固定设计
		排流数量和位置的研究
		直流电源的通电控制方式及变电设备等的设计
		阴极线路,阳极线路信号线路的选定和配线计划
		临时校对电极的设计安装
3	直流电源的通电处理	电流,电压,和电位等的定期检查方法
		电化学植绒修补效果的确认方法
4	撤走通电系统	临时阳极,通电设备等的撤除搬移及转运方法
维护管理		根据有关技术标准进行维护管理

25.3　临时阳极要求的性能

临时阳极要求的性能主要有以下几点。

1. 在通电期间，阳极材料能充分供给混凝土的电流

作为阳极材料，一般都采用导电性材料，如软钢及铝合金等消耗性大、溶性型材料，这与钛金属电极及铅电极等消耗量少、难溶性的金属有很大区别。为了控制阳极的数量达到最小限度，一般从混凝土表面数米以上的间距，设置于电解质溶液中，电极之间的距离和相应阳极之间的距离，要考虑到一个阳极材料要处理的混凝土的表面积，表面积增大，单位面积的负荷量也提高，电流量提高。电化学植绒修补工法的阳极材料，在通电处理期间，可运行 6 个月至数年。作为阳极材的性能，应采用钛金属电极，具有高负荷电流又有高耐久性，但也要考虑到结构物所处的环境条件，希望选择可加工性、可挠性和施工性好的材料。

2. 在通电期间，电解质溶液的成分和 pH 值不要有很大的变化

电化学植绒修补工法的对象是电解质溶液，而电解质溶液一般为海水。但是，在海水中的结构物，采用电化学植绒修补工法的时候，需要考虑到海水的流动（波浪，潮流，潮位）及季节水温的变化等；不在海水中的结构物，采用海水或人工的电解质溶液（如氯化镁水溶液等），人为地供给电解质溶液时，在通电期间希望电解质溶液的 pH 值不要有很大的变化，并能充分供应。

3. 在通电期间，在电解质溶液中的保持材料，能使阳极材料稳定的设置

在海水中的结构物采用电化学植绒修补工法施工的时候，阳极材料及相应的线路是在严酷的海象环境下长期设置的。因此，对固定与保护阳极材料及相应线路的保持材料，要有足够的强度、稳定性和耐久性，而且对阳极的绝缘必须稳固，要选择绝缘性能优异、耐久性好的材质。

25.4　临时阳极方式的选定

临时阳极方式的选定，必须要考虑到结构物的形状、周边环境条件及电解质溶液的供给方式等多方面的因素。临时阳极的配置方法，有水中施工方式和给水施工方式两大类。水中施工方式如海水中结构物和地下结构物，适宜于采用海水等的电解质溶液中设置，对混凝土结构物，电解质溶液中的临时阳极是分散设置。这时的临时阳极形状、数量和配置，必须考虑到处于结构物表面的电流密度，电流分布在预定的范围内，设计时必须考虑的，如结构物和临时阳极之间的极间距离，相邻临时阳极的距离，通过临时阳极电流大小的相对关系等，特别是在水下施工时，临时阳极的配制计划是重要的。为了使得混凝土结构物表面的电位分布处在允许的范围内，特别是要考虑到阴极间的距离，阳极间的距离，输入临时阳极的电流大小等的相对关系，从结构物的形状和施工环境相适应的关系，适当的配置临时阳极是十分必要的。

临时阳极与阴极混凝土结构物之间的距离越大，每个临时阳极服务的面积加大，设置的数量减少。但是每个临时阳极通电量相应增加，由于海水溶液电阻使直流电源接头电压升高之外，裂缝宽度增大，而且混凝土表面裂缝多的情况下，混凝土表面电流密度容易产生离散。为此，临时阳极的间距，要根据结构物的大小、形状、施工对象的范围、开裂程度及海水的电阻值等相适应，希望能调整在10m的范围内。

另一方面，给水施工方式，如潮汐带，空气中部分，地面上部分等结构物，海水自然供给有困难，这种情况下采用电化学植绒修补工法时，要供给海水或人工的电解质溶液，在通电时，临时阳极与混凝土结构物表面之间要有绝缘保水材料。

水中施工方式和给水施工方式的特征如表25-2所示。采用临时阳极的阳板材料和电解质溶液的实例如表25-3所示。

临时阳极的方式实例　　　　　　　　　　　　表 25-2

方　　式	施 工 对 象	阳极材料的保持方法	特　　征
①水中施工方式	海水中部分，潮汐平均水位以下，地下土中部分	用套包裹固定于水中，海水中打桩设置其他	施工简单，可大规模修补，不受结构影响
②给水施工方式	浪溅区，空气中及陆地上，潮汐平均水位以上	保水材，阳极材和防水材做成一体用塑料包裹，固定于施工墙面上	集中修补劣化部分和结构物部分修补均可，给水设备检查

阳极材料和电解质溶液的实例　　　　　　　　表 25-3

阳极材料	钛电极、黑铅电极、硅铸铁电极等
电解质溶液	海水、地下水、河流湖泊等自然水；氯化镁，硫酸锌等水溶液

25.5　通电条件的决定

在电化学植绒修补工法中的电化学植绒处理，决定于下述条件：（1）电流密度；（2）通电控制；（3）通电处理期限；（4）电流线路。

1. 关于电流密度

电流密度的大小，受电化学植绒物的物理化学特性，组成与比例所左右。阴极混凝土结构物的钢材配制状况等要事前调查，对钢材的投影面积，设定为每平方米的电流密度平均为 $1.0 A/m^2$。而钢材的投影面积大约为混凝土表面积的

50％左右，所以单位混凝土表面积的电流密度平均为 0.5A/m² 左右就可以了。但是，当混凝土结构物的裂缝宽度较大，而且裂缝又比较多的情况下，劣化比较明显，裂缝部位电流集中，在通电初期抑制低电流密度，使混凝土表面能观测到电植绒物，然后调整电流密度到通常设定值。

2. 通电控制

在海水环境下的混凝土结构，由于潮水位置变化及海象的影响，混凝土结构物处于水中的面积发生变化，要根据水中面积的变化，直流电源的通电方式是用恒定电压抑制方式呢？还是恒定电流的控制方式，需适当判断。

恒定电压抑制方式，当水中的面积相应增加或减少时，电流也按比例增减，不受海相影响，混凝土表面电流密度稳定。与涨潮退潮区部分相比，海水中部分施工面积比较大的情况下，采用恒定电压抑制方式比较合适。

恒定电流抑制方式，这与施工环境的变化无关，为了获得一定电流通过，在空气中部分，陆地上部分及土中部分等，对于一定施工面积，通过所要求的电流量，一般情况下都是适用的。

3. 通电处理的期限长短

通电处理的期限长短，要根据电流密度大小，裂缝状况，结构物所处环境等方面考虑，基本上为 3～6 个月。根据结构物裂缝情况和环境条件，适当调整通电期限。根据已有施工经验，结构物的裂缝宽数毫米左右，通电处理约 5 个月左右。

4. 电流线路

电流线路要考虑到结构物钢材的种类，保护层厚度，混凝土的透水性，裂缝大小等，决定直流电源的容量、通电能力大小及根数等。特别是钢材保护层部分的变化，混凝土表面损伤激烈的情况下，电流密度不均匀，电化学植绒修补处理容易产生高低不平，必须加以注意。

25.6　直流电源的选定

电化学植绒修补工法使用的直流电源装置，必须满足以下性能：（1）具有能充分供应所需的直流电流，直流电源的输出端的极性要明确标出；（2）输出电流的极性不能逆转；（3）输出电压值对人身是安全的。

1. 具有能充分供应所需的直流电流

电化学植绒修补工法，为了能得到充分的修补效果，能连续供应所需要的电流是最基本的要求。特别是施工对象处于海洋环境条件下，潮位、潮流、波浪、水温等海相环境的变化会引起必要的电流量的变动，直流电源除了具有充分供应必需的电流外，还要根据环境的变化，电流密度也要稳定在一定范围内，使电流稳定，或者也可以通过稳定电压使电流稳定。因此，必须适当的选择直流电源装置。

此外，在运行过程中，必须明确标出阴极和阳极线路，以免通电时把阳极和阴极搞反了，造成对混凝土产生重大影响。

2. 输出电流的极性不能逆转

阴极为混凝土中的钢材（钢筋），通电处理能保持防腐蚀状态，但是，如果把混凝土中的钢材（钢筋）变成了阳极，由于阳极反应，电化学腐蚀作用，钢材（钢筋）被溶出。因此，直流电源的输出端不能搞反了。

3. 输出电压值对人身是安全的

电化学植绒修补工法，用于修补海洋环境的混凝土结构物时，混凝土中的钢筋为阴极，与海水中设置的阳极之间，通过直流电流，海水的电化学电阻是很低的，在海水中通电时不会担心产生触电。但是，在地面上，如果和通电的混凝土表面接触，恐怕会发生触电现象。因此，要确保通电施工中的安全性，电压值必须是对人身安全范围内。根据现有的施工经验，采用的最大电压为 30V。

第 26 章　电化学植绒工法的施工与维护管理

26.1　电化学植绒工法施工的一般要求

（1）在电化学植绒工法施工的时候，必须按照已定的施工顺序进行施工。因为静电植绒工法的施工顺序和方法，是根据结构物所处的环境条件与裂缝发生的状况等，争先根据现场状况研究之后，才进行施工计划立案，必须在这个施工计划的基础上进行施工。而这个施工计划的编制是在相关技术基础上进行的。

（2）在电化学植绒工法施工的时候，是以土木工程通用的技术标准，土木工程安全施工技术指南，电气设备技术标准 JIS 标准及相关标准为依据进行的。

（3）采用电化学植绒工法施工修补后的结构物，对所采用的技术标准，工程记录，试验内容和结果，试验内容的评估和判定等，作为电植绒工法施工后结构物的管理，是很重要的文件，必须妥善管理。

必须要记录的项目，有裂缝的劣化程度和范围，施工时进行试验的种类及试验方法和结果。施工设备的相关标准，设置方法，设置位置，修补施工前后的试验方法，结果与照片等。在施工中需要记录的项目如表 26-1 所示。

施工过程记录的项目　　　　　　　　　　　　　　　　　表 26-1

工　种	记录项目
劣化部位的表观	外观观察，劣化种类，范围
混凝土取样分析	取样位置，试验项目，方法与结果
钢筋及 PC 钢筋通电情况	确认位置，试验方法与结论
钢筋与电源阴极接线	设置方法，位置接线的确认和确认结果
临时阳极的设置	标准，方法与位置
临时校对电极的设置	标准，方法与位置
临时直流电源的设置	标准，最大电流值，最大电压值，控制方式
临时配线配管	标准，敷设方法
电解质溶液的确认	种类，浓度，pH 值，水温，流速，潮位，波高，方法
通电调整（通电刚开始前后）	输出电流值，输出电压值，钢材电位
通电调整（通电中）	输出电流值，输出电压值，钢材电位，外观观察
通电调整（通电停止后）	钢筋电位

26.2 施工准备

采用电化学植绒工法修补的结构物，在工程现场要确认以下项目：（1）处理面积和位置；（2）施工预定时期及已有的设计条件，周边的环境；（3）电力等方面的供应。

1. 处理面积和位置

首先要考虑脚手架位置和临时阳极的固定方法，计算出必要的器材及直流电源装置的数量等。如果工程采用复数分割进行施工时，要计算出各工区最大处理面积和数量。

2. 施工预定时间，已有的设计条件及周边的环境

要充分考虑施工预计的时期，确定施工现场的养护方法；特别是在海洋环境下施工时，气象及海相环境的变化及船舶的航行，要有相应的对策。

3. 电力等方面的供应

电化学植绒工法，原则上是昼夜不间断通电的，希望能按预定计划供应电力，因此，希望采用商业电源供应电力。但如果商业电源供应电力难以保证时，采用太阳能或风能发电供应时，其输出的电流可能有波动，对通电设备要充分考虑。

26.3 通电前对结构的处理

采用电化学植绒工法修补的混凝土结构，在施工前，对其表面要进行必要的处理。要处理的项目如下：

1）清除表面的寄生物；2）清除表面覆盖物；3）修补断面缺损；4）有否通电障碍，是否已清除。

1. 清除表面的寄生物

混凝土表面覆盖着微生物等水锈比较厚的时候，可用刮板刮除。此外，混凝土表面虽然覆盖着微生物，但还能进行电植绒施工，用眼睛观察估计其效果，如果认为对施工有影响时，必须进行前处理。

2. 清除表面覆盖物

如果混凝土表面涂刷涂料时，其一般是绝缘的，因此，这些覆盖物在施工前必须清除。如果混凝土表面为了装饰用的石膏或其他镶嵌饰品，这些东西一般是导电的，不影响电化学植绒施工。

3. 修补混凝土断面缺损

混凝土断面缺损对电化学植绒施工修补是有困难的，需要事前进行修复。

4. 清除通电障碍

如果混凝土结构在施工中，为了支撑模板，用金属棒连接，金属棒留在混凝土中，金属棒和钢筋连接，而钢筋为阴极，会在通电时造成短路，故需对在混凝土中残留的金属棒进行绝缘处理。

26.4　钢材（钢筋）的通电检验

对于采用静电植绒施工修补的混凝土结构，其中的钢材（钢筋）都是同一个电流电路，在通电前必须检查确认，如果有导电不良的部分，必须采用适当的方法，使导电不良的部分和其他钢材一起，能通过电流。

电化学植绒工法，是将电解质溶液放置于混凝土结构表面，临时阳极安放于电解质溶液中，而阴极则为混凝土中的钢材（钢筋），电流在两极之间通过；此电流使浸透混凝土的电解质溶液在钢材（钢筋）表面发生电化学反应。在混凝土的孔隙中和混凝土的表面发生静电植绒现象。因此，希望直流电流能均匀地流过钢材（钢筋）；为此，全部钢材（钢筋）都能导通电流。通常，混凝土结构物中的钢材，是由钢筋绑扎组合起来的，由型钢和钢筋焊接起来的，或者预应力钢筋（PC 钢筋）和普通钢筋组合起来的。在一座结构物中，整个钢材（钢筋）都可以联系在一起通过电流的，但是，由于钢材受到腐蚀，可能会出现导电不良的倾向。在电植绒工法中，在同一座结构物中的同一个结构构件内或者两个以上的结构构件间，必须能正常地流过电流。

钢筋和 PC 钢材之间电流不能通导的时候，或者作为阴极以外用于电化学植绒工法的钢制配件，由于通电输入直流电流但有一部分不导通，可能会引起电化学腐蚀。因此，为了保证不导通的构件能导通，可对非导通的构件进行绝缘处理或在非导通构件的适当部位设置临时阳极，以防电化学腐蚀。

26.5　钢材（钢筋）和电源阴极的接线

通电处理期间，从直流电源输出的电流应能供给钢材，在混凝土中的钢材上面应焊接一个排流接头，与阴极导线连接。

为了确认阴极钢材的位置，采用钢筋探测装置，但是除了与阴极连接的钢筋位置处的混凝土外，其他部位的混凝土不能受损。钢材与阴极导线连接处用圆钢与钢材（钢筋）焊接上，圆钢两端是用耐腐蚀的合金做的接线端，并与阴极导线连接。这样，每根电线输出电流量和接线端连接电线根数，必须考虑到结构物构件的部位、形状、设置的环境及钢材的种类与配置等再决定。此外，关于阴极线路的类型，要选择在通电期间线路表皮不能损伤，而且要与通电距离相应的允许电流量有一定的富裕。由于电流量过大会引起发热和电压上升造成电力损失等弊病，这是必须要考虑到的。

此外，如果铺设的线路太长，那么在陆地上或海水中部分的配线要有套管和支撑，才能安全通电。

26.6　临时阳极的设置

临时阳极与阴极的混凝土结构物相对应，设置于预先存放电解质溶液中。

临时阳极预先固定于电解质溶液中，在外力的影响下不会产生移动，能抑制阴极混凝土表面所确定范围的电流密度。

临时阳极的固定方法，可直接安放在结构物表面绝缘保水材料上，或分散于电解质溶液中。但是，直接把临时阳极设置于结构物表面的时候，为了在浪溅区及大气中的混凝土结构也能使用，施工作业时要安放保护措施，不要受到车辆的影响。此外，临时阳极分散于电解质溶液中时，为了也能用于海水中及土中，要考虑到设置环境，使临时阳极不受波浪及潮流等外力的动摇和损伤，要选择适当的固定方法。

临时阳极的设置场所选定之后，利用耦合电极及电位差计，测定混凝土表面的电位分布，确定临时阳极的正确配置。

26.7　直流电源的设置与配线

直流电源应设置于室内，管理上安全。配线能区别阳极一侧的线路和阴极一侧的线路。这是直流电源的设置与配线的基本要求。

1. 关于直流电源的设置

直流电源必须要不影响混凝土结构物的安全范围内连续的供给电流。为此，在通电期间，用监控系统自动记录直流电源的电流计和电压计，变电设备设置于室内并能安全管理。

2. 配线能区别阳极和阴极的线路

如果从直流电源输出电流的极性连接反了，阴极与阳极的配线混在一起，会引起配线间的短路现象，就会引起配线的烧损和直流电源的故障。为了能判断配线的极性，应分别标上阴极配线和阳极配线的颜色，便于管理。此外，由于施工对象的面积，阳极导线和阴极导线根数很多的情况下，应避免直接与直流电源的接线端直接连接，而是通过接线箱分别把阳极线路和阴极线路先连接好了以后，再与直流电源的接线端相接，这样容易把线路区别开来。直流电源有定电流控制或定电压控制，这种通电控制方式要确认控制开关能转换是很必要的。

26.8　通电处理开始后和通电期间的管理

通电处理开始后和通电期间的管理，有两方面要注意的：（1）供应的直流电流值，要与电植绒的面积相当，不要发生异常的电流值和电压值。要确定混凝土表面的电位在允许承受的范围内。（2）在通电处理中，要定期检查通电设备和混凝土结构物的外观。

1. 通电处理开始后的检查

通电处理开始后，要检查根据直流电源装置容量设定的电流值同时要确认混凝土结构物是否为正的方向；阴极电路根数为复数和阳极线路是否相对应，电流是否均匀输送，可用央挂式的电表检测确认。由于钢筋保护层厚度波动，混凝土表面损伤，电流会发生波动，波动范围在 30% 以内是允许的。如果超过了这个范围，可能是以下原因造成的：①导线之间的接头或导线与钢筋之间的接线不良；②可能钢筋和临时阳极之间出现了短路现象。要进行处理时，可用电压测定仪检测；如果超过了 20V，就要考虑临时阳极是否损伤，追查原因，适当处理。在正常通电后，用校准电极和电位差计测定有代表性的位置的电位分布。电位分布大约在 ±300mV 范围内，如电位分布超过 ±300mV 时，临时阳极之间的距离是否太大了，或者临时阳极和阴极（结构物）之间不同步造成的，在这种情况下应调整临时阳极的数量。

2. 在通电期间

在通电期间，通常是一个月左右一次，检查以下项目：①定期检查通电设备；②混凝土外观调查；③混凝土表面电位的测定。

1）通电设备的定期检查

确认检查电流计和电压计的同时，要进一步检查通电设备（直流电源，临时阳极，线路，校对电极等）有否损伤。特别是校对电极等，量测混凝土表面电位，电流密度过大时，电位急速上升往更负的方向变化，从通电一开始到稳定下来，这一期间要特别注意检查。电位也因海水等电解质溶液的温度，pH 值，流速，潮位等的变动和电化学植绒物的析出量而变化。考虑到环境变化和通电时间，必须要进行定期检查。

2）混凝土表面的外观调查

通常情况下，通电一个月后，混凝土开裂部位和冷接缝部位，电流容易流通电植绒物首先填补裂缝处，然后混凝土表面也逐步为电化学植绒物覆盖。为此，每个月观察一次混凝土表面植绒物析出状况，并照相记录。

3）混凝土表面电位的测定

混凝土结构物在关键部位安放的校对电极，要确认陆上自动记录的电位变化。而当电位变化监测有困难时，并且在裂缝处需要确认电位变化时，每个月至少检查一次，检查内容如表 26-2 所示。

定期检查项目实例   表 26-2

检查场所	内　容	方法	判 断 基 准
直流电源	电源室状况确认施工状况	目视	外观无损施工完好
	确认机组无损及发热状态	目视	无损及异常发热
	用电表检测输入电流电压	测定	输入电流，电压正常否
	调查输出接线端有否损腐	目视	应无损伤和锈蚀
	确认输出端的配线与连接	目视	接线处应无松动脱落
	指示灯的确认	目视	点灯检查
	检测输出的电流和电压	测定	应在规定范围
自动记录计	确认受变动状态	目视	接线处无松动
	确认各计划测定项目	目视	检测项目看不到异常
	调查定期检查记录数据	目视	定期检测数据无异常
临时阳极	确认设置状况	目视	设置位置不能离太开
	确认有否损伤污染	目视	阳极表面无损伤污染
校核电极	确认设置状况	目视	设置场所要远，无松动
	确认有否损伤污染	目视	电极表面无损伤污染
配线配管	调查各配线电流	测定	规定电流量无变化
	确认阴阳极接线个数位置	目视	接线处应无松动脱落
	确认配线配管有否损伤	目视	无断线损伤处
混凝土表面	观察电析出绒物析出状态	目视	裂缝处表面可见植绒
	确认电析出绒物硬度	手摸	手摸植绒物不脆不断
	必要时和电绒物共测电位	计测	电位分布在规定范围

26.9　通电效果的确认

必须确认电化学植绒工法的效果得到满足。为了确认电化学植绒工法施工后的效果，要在处理前取样及施工后取样进行对比。对比项目如表 26-3 所示。

电化学植绒前后有关性能比较   表 26-3

	试　样	检测项目	分析效果
施工前及施工完成后	施工前后对应取样混凝土	电植绒物的物相及化学成分分析	—
同上	同上	混凝土的孔隙率	孔隙率应降低

续表

试 样	检 测 项 目	分 析 效 果
同上	直径 10cm 的圆柱体	透水性系数	比施工前低
同上	钢筋保护层取样	氯离子含量	—
同上	施工前后对比处	混凝土孔结构分析	施工后小孔多大孔少

取样应在不影响结构受力处，样品尺寸要小，数量少，取完样品后要修补。

26.10　通电完了后的后处理

通电完了后，要撤去混凝土表面设置的临时阳极等通电设备。通电设备主要整理盘点的内容如下：①直流电源的耐压试验、绝缘试验；②计量器皿及自动记录等的校对装置能否活动；③阳极材料有无外伤及损耗；④阳极架设台有无外伤，绝缘性如何；⑤导线有无外伤等。

第 27 章　电化学植绒修补工法的应用实例

27.1　在海水中的混凝土结构的施工应用

1. 结构物的概况

在海港码头岸边钢筋混凝土沉箱，施工后大约经过 25 年，如图 27-1 所示。在荷重的作用下，以及在海相环境的影响下，混凝土产生开裂、剥离与剥落。

(a)　　　　　　　　　　　　　　　(b)

图 27-1　电化学植绒修补工法施工应用的混凝土结构
(a) 全景；(b) 沉箱表层混凝土开裂剥落

2. 选择该结构物使用电化学植绒修补的原因

通过对结构物实际状况的调查证明，该钢筋混凝土沉箱在 L. W. L+1.0m 的范围，水上部分裂缝宽 1～4mm 的裂缝很多，在开裂部分也能看到许多锈汁。另外，有一部分混凝土已剥离、剥落。在水下部分，大多数裂缝宽为 1mm 左右，裂缝中可见钢筋锈蚀的锈汁，混凝土开裂浮起，混凝土开裂的主要原因是外荷载作用引起的。裂缝从水下（L. W. L−4.50m）到水上（L. W. L+3.60m）的范围，为了修补这些水下与水上的裂缝，选择了水下施工的电化学植绒修补工法。实施例中临时阳极的设置情况如图 27-2 所示。

3. 主要使用材料与特征

主要使用材料与设备的特点如表 27-1 所示。

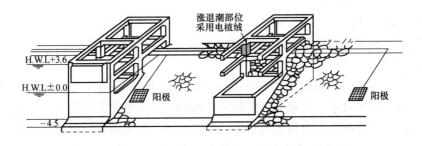

图 27-2　实施例中临时阳极的设置情况

主要使用材料与设备的特点　　　　　　　　　表 27-1

主要材料	材料的性能	施工方法例	具体例
阳极材料	对于负荷电流量及通电期间消耗少,耐久轻质	将阳极材用绝缘材固定于钢制的架上,包裹防水放于海底	钛电极,黑铅电极
阳极线路材料	防水,绝缘,耐久性好	电缆线盒在海中设置,在海中配线防止摇动不裂不断	
阴极线路材料	同上	在混凝土钻孔,穿入导线与钢筋连接,树脂密封绝缘处理	

4. 施工概要

施工顺序概况如图 27-3 所示。前处理主要目的是清除混凝土表面附着物。通电障碍物的处理,防止短路。阳极材和阳极电缆连接的端部进行水封处理后,将其固定于绝缘的台架上。为了使混凝土表面电位分布纳入允许的范围内,极间距离和阳极之间的距离,由在海中设置的临时阳极位置及数量而定。

阳极电缆和阴极电缆的末端确定之后,封住末端,并与直流电源相接,用额定电压控制方式开始通电。

通电期中,定期检查直流电源的电流,电压和混凝土表面的电位。进行水中部分外观的调查,按规定时间通电完成后,取样分析,确定效果,如检测其透水系数等。

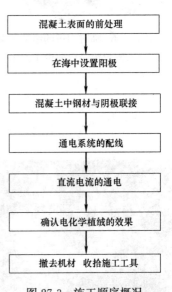

图 27-3　施工顺序概况

通过这些调查,确认电化学植绒效果满足预期要求后,撤去相关设备及拆除相应的材料及通电材料。

5. 临时阳极

临时阳极架设及组装如图 27-4 所示,其位置如图 27-2 所示。

6. 结果

混凝土表面的电流密度 0.75A/m²,(L.W.L+1.0m 基准处),通电 5 个月,进行电化学植绒处理,处理后,混凝土表面的裂缝为电化学植绒物所填充,混凝土施工时的工作缝也有电植绒物析出,整个表面为电植绒物所覆盖,透水系数约为原来的 1/40,盐含量降低 1/3。开裂处封闭状态如图 27-5 所示。混凝土施工时的工作缝也有电植绒物析出物如图 27-6 所示。混凝土透水系数的变化如图 27-7 所示。

图 27-4 临时阳极的组装和架设
密封绝缘后架设于海中

图 27-5 潮汐区开裂处电植绒物封闭状态

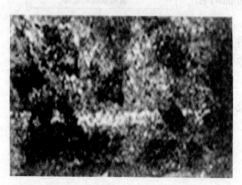

图 27-6 工作缝电植绒物析出

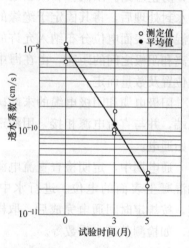

图 27-7 混凝土透水系数的变化

27.2　给水施工方式的应用

1. 结构物的概况

码头岸边钢筋混凝土沉箱，施工后大约经过 25 年，如图 27-1 所示。面板下的柱子和梁，处于涨潮与退潮部位，由于外荷载作用及海象环境盐害的影响，混凝土发生开裂、剥离和剥落。

2. 选择该结构物使用电化学植绒修补的原因

通过对结构物实际状况的调查，该结构物的钢筋混凝土沉箱，在 L.W.L ＋ 1.0m 板下面的（L.W.L ＋3.60m）的涨潮与退潮部位，观察到宽 1～4mm 的裂缝很多，在开裂部分也能看到许多锈汁。裂缝集中在板下的梁和柱子上。为了修补这些水下与水上的裂缝，选择了水下施工的电化学植绒修补工法。而在水上部分为了获得相同的效果，通过给水施工方式检验电化学植绒的效果。

3. 主要使用材料与特征

主要使用材料与设备的特点如表 27-2 所示。

主要使用材料与设备的特点　　　　　　　表 27-2

主要材料	材料的性能	施工方法例	具体例
阳极材料	对于负荷电流量及通电期间消耗少,耐久轻质	将保水与防水材料组合覆盖混凝土表面,并用塑料布包裹	钛电极,与其他
保水材料	吸水、保水、无害及耐久性优良的纤维材料	以数毫米厚的纤维质板盖在混凝土表面	玻纤材料石棉及其他
防水材料	耐久性可挠性与防水性优异,具有强度的片状材料	以厚度数毫米的片状材料覆盖阳极	聚乙烯板等

4. 施工概要

施工顺序概况如图 27-8 所示。

前处理主要目的是清除混凝土表面附着物及通电障碍物的处理，防止通电时发生短路。

在混凝土表面铺上保水材料，网状钛金属阳极材用塑料膨胀螺栓固定于保水材料上面，然后盖上防水材料；用泵供给保水材料海水及电解溶液。阳极电缆和阴极电缆的端部用水封处理后，封住末端，并与直流电源相接，用额定电压控制方式开始通电。

通电期间，要定期检查给水装置及直流电源等，在预期的通电期间到达后，撤去相关设备及

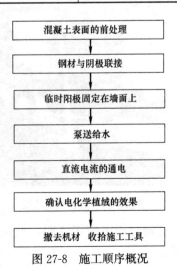

图 27-8　施工顺序概况

拆除相应的材料及通电材料。

5. 架设阳极

阳极设置的位置如图 27-2 中所示的位置。保水材料、阳极材料及防水材料的临时安放状况如图 27-9 所示；临时阳极的给水状况如图 27-10 所示，用水泵将海水或电解质溶液补充到保水材料安放处。

(a)　　　　　　　　　　　　　　　　　(b)

图 27-9　保水材料、阳极材料及防水材料的临时安放状况

(a) 施工前的情况；(b) 保水材料，阳极材料临时安装

图 27-10　给水施工状况

6. 结果

当混凝土表面以电流密度 $0.5 \sim 0.75 \mathrm{A/m^2}$ 通电，经过电化学植绒工法处理后，混凝土表面，如同覆盖一层 1mm 厚的保水材料一样硬的电化学植绒物。通电 4 个月后，混凝土表面的透水系数约为通电前的 1/30。在处于同一潮位水中施工方式的情况下透水系数小，说明水中施工方式的效果好。

给水施工方式的概况如图 27-10 及图 27-11 所示。混凝土表面及断面覆盖的电化学植绒物如图 27-12、图 27-13 所示。电化学植绒物和混凝土的孔结构如图 27-14 所示。

通过施工应用证明，电化学植绒的工法，对混凝土结构裂缝的修补是有效的。

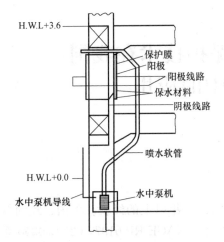

图 27-11　给水施工方式的概况

图 27-12　混凝土表面电化学植绒物

图 27-13　电化学植绒物

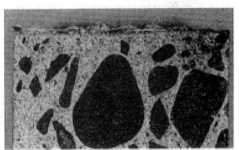

图 27-14　被覆盖表面的断面

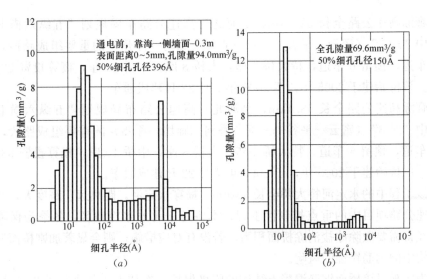

图 27-15　通电处理前后孔结构的比较

(a) 通电前混凝土的孔结构；(b) 通电处理电植绒物孔结构

第 28 章　电化学保护技术在我国
混凝土桥梁中的应用

28.1　引言

对钢筋混凝土结构的电化学保护，国外有 50 年以上的经验。美国、欧洲等形成了系列技术规范，如美国腐蚀工程师协会的 NACE RP 0187，0290，0390 系列，欧洲 EN 12696 等。中国自 20 世纪 80 年代末期开展了试验研究，但在工程中的实际应用相对进展较慢，出台相关规范较晚。

目前中国石油和化学工业联合会参考 EN 12696 提出了《大气环境混凝土中钢筋的阴极保护》GB/T 28721—2012；中国冶金建筑研究总院主编的《混凝土结构耐久性修复与防护技术规程》JGJ/T 259—2012 中对钢筋锈蚀的修复提出了电化学保护的相关内容。

以下是国内两个典型的阴极保护实例。

28.2　廊房-涿州高速公路永定河特大桥桥面板的电化学保护

廊涿高速公路全长 58.4km，是河北省高速公路布局规划"五纵六横七条线"中"线 3"（密云—平谷—三河—香河—廊坊—涿州）的重要组成路段，双向 4 车道，预留 6 车道，特大桥 1 座，大桥 8 座，中桥 10 座，概算投资 33.96 亿元。该桥始建于 2005 年，于 2008 年 7 月 22 日建成通车。

廊涿高速公路全长 58.4km，是河北省高速公路布局规划"五纵六横七条线"中"线 3"（密云—平谷—三河—香河—廊坊—涿州）的重要组成路段，双向 4 车道，预留 6 车道，特大桥 1 座，大桥 8 座，中桥 10 座，概算投资 33.96 亿元。该桥始建于 2005 年，于 2008 年 7 月 22 日建成通车。

该工程中的永定河特大桥全长 5826m，横穿永定河，距离远、跨度大，是廊涿高速公路项目中的重点控制性工程。本桥处于北方寒冷地区，冬季为保障交通，经常需要撒除冰盐消除桥面积雪，若没有对应措施，则会显著加剧桥面混凝土结构中的钢筋锈蚀的风险。

为实现对该桥面钢筋混凝土结构的阴极保护，按如下步骤进行了初步设计：数据收集、阴极保护区域划分、计算各个区域的阴极保护电流、确定辅助阳极和恒电位仪的功率。

经过上述初步设计之后，根据《初步设计方案》和《初步设计图纸》去场地进行现场调研和设计符合性审查，进一步修订《初步设计方案》和《初步设计图纸》，并最终确定《设计说明书》《主要材料技术规格书》《详细设计图纸》《设备材料表》《图纸说明书》《施工组织设计》和《概预算书》等。

本工程阴极保护系统电源采用整流器和恒电位仪，整流器输入电压为 220V，输出为 6 回路，6A/15V 或 8A/20V；辅助阳极系统采用成熟的 MMO 网状阳极。

分多区进行安装，采用 Ag/AgCl 参比电极和 Ti 参比电极，银/氯化银电极寿命为 20 年左右，钛参比电极工作寿命为 100 年，现场安装如图 28-1 所示。

(a)　　　　　　　　　　　　(b)

(c)　　　　　　　　　　　　(d)

图 28-1　永定河特大桥桥面板的电化学保护（MMO 网状阳极）

(a) MMO 阳极安装；(b) 参比电极安装；

(c) 技术人员对混凝土浇筑全程监控；(d) 安装后调试

安装中技术人员充分注意了钢筋的电连续性及阳极与钢筋之间的绝缘，通过检测使设计中被保护的所有钢筋必须具有电连续性。否则，在不具有电连续处的钢筋不会被保护，且会产生杂散电流，引起杂散电流腐蚀。

28.3　青岛海湾大桥通航孔混凝土结构的电化学保护

　　青岛海湾大桥，又称青岛胶州湾跨海大桥，全长 36.48km，是目前世界上长度第二的跨海大桥（第一为港珠澳大桥），于 2011 年 6 月 30 日建成通车。本桥是我国北方冰冻海域首座特大型桥梁集群工程，所处海域盐度变化范围是 27.10~30.29，平均 29.12，大气中也含有盐分，此种环境对混凝土结构中的钢筋构成很大的腐蚀威胁，为保证本桥 100 年设计使用年限，必须进行综合的防护措施，阴极保护即是措施之一。

　　本项目外加电流阴极保护系统保护区域：航道桥主塔、辅助墩、过渡墩位于浪溅区和水位变动区的承台、墩身及塔身＋6.0m 高程以下的钢筋混凝土。保护面积共计 18447.8m²。

　　本工程主要技术要求为：阳极材料将在选择的运行电流密度条件下，至少具有 100 年使用寿命；联合使用 Ag/AgCl 参比电极和钛参比电极进行系统的调节和长期监测；每个墩台根据腐蚀环境的不同划分为不同的分区保护；能够远程进行去极化测试，以判断所有分区是否处于正常的保护状态；能够根据去极化结果远程调节电流输出量，保证系统正常运行。

　　对承台上表面、塔座、塔身采用 MMO 阳极保护，示意图如图 28-2 所示。

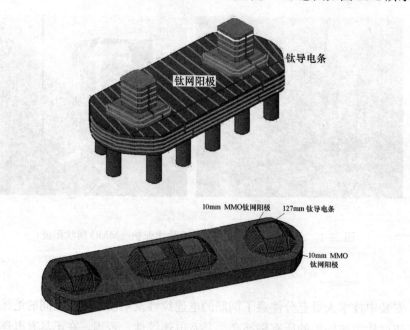

图 28-2　网状阳极位置示意图

　　施工中，用塑料夹将钛网阳极和导电条固定在钢筋上，使用尼龙扎带固定，不能使用金属附件，以保证阳极与钢筋之间的绝缘，见图 28-3。

　　承台侧面原考虑在钢套箱和钢筋之间埋入带式 MMO 阳极，但只涂有防锈漆的钢套箱会吸走大部分保护电流，使得钢筋保护不足。套箱与钢筋间空间过小，安装和混凝土浇筑过程中难以控

图 28-3　MMO 钛网阳极的安装

制质量。安装不良，会导致保护电流被吸走导致钢筋保护不足，如图 28-4 所示。

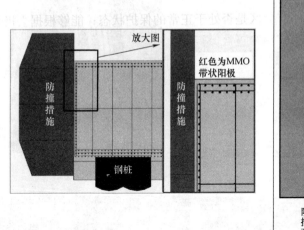

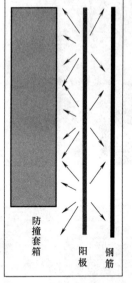

图 28-4　保护电流被吸走导致钢筋保护不足

　　优化后，采用分离式阳极进行保护，将单个的分离式阳极安装在钢筋笼内，与钢筋距离较大，电流分散更均匀。用阳极支撑杆固定，混凝土浇筑过程质量更容易得到保证。

　　阳极提前浇注于低电阻率的混凝土块中，有效保护阳极不被破坏，单独的分立式样机及现场组装、安装情况见图 28-6。

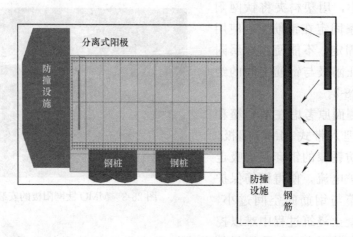

图 28-5 分离式阳极保护示意图

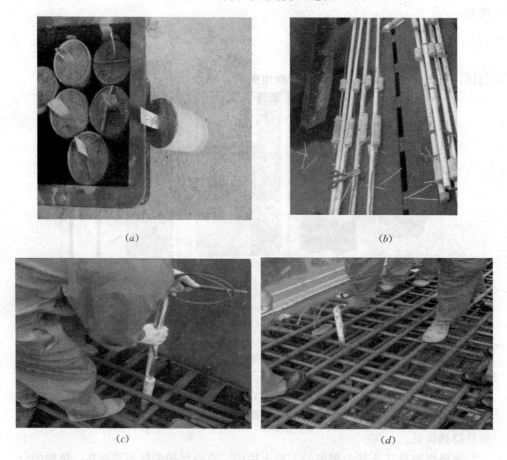

图 28-6 离散式阳极的组装及现场安装

(a) 单独的独立式阳极;(b) 组装分离式阳极;(c) 在侧面插入分离式样机;(d) 安装到位

混凝土阴极保护施工的专业性很强，本工程实施过程中注意了如下重点：

1）阳极钛网安装过程中，必须不断进行钢筋电的连续性以及钢筋与阳极钛网的绝缘情况的测量，以保证所有的安装正确。通过万用表测量钢筋与阳极铁网间的电阻，以不发生短路为绝缘正确。安装结束后，对钢筋的电连续性及钢筋与阳极钛网的绝缘情况进行全面检查。

2）所有电缆应在适当位置上用尼龙绑带固定在螺纹钢上，以保证在混凝土浇筑过程中不被破坏。

3）全部或部分预埋在混凝土中的金属装置应当被焊接在混凝土中的钢筋上。

4）所有引出的电缆应被有效标识以保证在接线箱中能被识别。

5）浇筑混凝土过程中，应对阴极预防保护系统预埋件进行必要的保护，以防止因结构施工造成阳极钛网、电缆等预埋件的损坏。

6）所有阳极钛网必须与钢筋电绝缘。在施工和浇筑混凝土期间要不断地监控以保证电绝缘。在混凝土浇筑前后执行阳极钛网与钢筋间的绝缘测试以监测阳极和钢筋间的电路短路。如果发现阳极和钢筋连通，应予以及时断开。

青岛海湾大桥阴极保护系统安装后，在大桥竣工之前就进行了专项的去极化测试。去极化测试是指在阴极保护断电瞬间，钢筋的瞬时断电电位与阴极保护系统断电 4～24h 某时刻电位值之差。在大沽河索塔 302 号墩上测试表明，去极化 24h 后，全部参比电极电位衰减均达到 100mV 以上，说明阴极保护系统工作正常。

参 考 文 献

[1] 冯乃谦，邢锋. 混凝土与混凝土结构的耐久性 [M]. 北京：机械工业出版社，2009

[2] 冯乃谦. 高性能混凝土 [M]. 北京：中国建筑工业出版社，1996

[3] 冯乃谦. 高性能与超高性能混凝土技术 [M]. 北京：中国建筑工业出版社，2016

[4] H. 索默. 高性能混凝土耐久性 [M]. 北京：冯乃谦，丁建彤 等译. 北京：科学出版社，1998

[5] 冯乃谦. 新实用混凝土大全 [M]. 北京：科学出版社，2005

[6] 冯乃谦，顾晴霞，郝挺宇. 混凝土结构的裂缝与对策 [M]. 北京：机械工业出版社，2006

[7] 洪定海. 混凝土中钢筋的腐蚀与保护 [M]. 北京：中国铁道出版社，1998

[8] 中国土木工程学会标准：2004 混凝土结构耐久性与施工指南. 北京：中国建筑工业出版社，2005

[9] 冷发光. 荷载作用下混凝土氯离子渗透性及其测试方法的研究 [D]. 北京：清华大学 2002

[10] 牛全林. 预防盐碱地混凝土耐久性病害的研究及工程应用 [D]. 北京：清华大学，2004

[11] 郑家燊. 金属电化学和缓蚀剂保护技术 [M]. 上海科学技术出版社，1984

[12] W. 斯蒂德曼著. 工程和应用科学实用化学 [M]. 赵世雄，陆晓明，操时杰，杨淑兰 等译，北京：原子能出版社，1985

[13] 王箴. 化工辞典（第四版）[M]. 北京：化学工业出版社

[14] 王延吉. 有机化工原料（第四版）[M]. 北京：化学工业出版社

[15] 王世威等. 建筑材料辞典 [M]. 北京：中国建筑工业出版社，1979

[16] [日] 山本良一. 环境材料 [M]. 王天民译. 北京：化学工业出版社，1997

[17] [美] O. S. 伦弗罗. 用固体废料生产建筑材料 [M]. 方汉中译. 北京：中国建筑工业出版，1986

[18] [日] 西林新藏. Cathodic Protection for Concrete Structure. 广州：天达混凝土公司举办的全国学术交流会报告，2016

[19] Vector：The Concrete Restoration and Protection Specialists Corrosion Investigation and Rehabilitation Experts. Singapore，2016

[20] Japan Society of Civil Engineers：Recommendation for Design and Construction of Electrochemical Corrosion Control Method. Japan，2001

[21] Sumitomo Osaka Cement Co. LTD：Anode Mesh for Cathodic Protection of Steel Reinforced Concrete. Japan，2016

[22] Japan Society of Civil Engineers：Standard Specifications for Concrete Structures-2002，Materials and Construction [M]. Japan，2002

[23] Japan Society of Architecture：Recommendations for Design and Construction Practice of High Durable Concrete. [M]. Japan，2002

[24] 谷川恭雄. Concrete 构造物の非破坏检查. 诊断方法 [M]. ジャーナル社 日本，2004

[25] 日本非破坏检查协会. 新 Concreteの非破坏试验 [M]. 日本技报堂，2010

[26] 立松英信，佐佐木孝彦，高田润. 盐害による铁筋腐食の诊断と抑制に关する研究 [J]. Concrete 工学论文集，2000

[27] T. KASAI . Large-sized Construction Structure in Japan. Wuhan China，2006.

[28] Yasuhiko Sato，Yasuhiko Ohama，Katsunori Demmura and Kazuhiro Sato. Resistance to Chloride Ion Penetration and Carbonation of Reinforced Concrete Wall Treated with Barrier Penetrants in Seaside Environment [J]. Nihon University，1989

[29] 林江，唐华，于海学. 地铁迷流腐蚀及其防护技术 [J]. 建筑材料学报，2002

[30] 耿文超，张鹏，李丹，刘兆麟，赵铁军. 钢筋锈蚀监测方法在混凝土中的应用及现状 [J]. 混凝土，2018

[31] 陶德彪，蒋林华等. 基于混凝土环境的氯离子选择性电极的性能研究 [J]. 混凝土，2016

[32] 曹承伟，赵铁军等. 应用于钢筋混凝土腐蚀监测电化学传感器的发展与应用 [J]. 混凝土，2016

[33] 钱文勋，陈迅捷等. 应力和氯盐环境下海工混凝土的碳化性能 [J]. 混凝土与水泥制品，2018

[34] 邵方杰，曹万智等. 不同环境下镁水泥混凝土中钢筋的电化学腐蚀 [J]. 混凝土，2017

[35] 陈志源，刘国飞，史美伦等. 混凝土中掺加粉煤灰对地铁杂散电流的抑制 [J]. 粉煤灰，1999.

[36] 混凝土结构耐久性修复与防护技术规程 JGJ/T 259，中华人民共和国住房和城乡建设部行业标准，2012

[37] 姜言泉，李伟祥，李超. 海洋环境混凝土结构外加电流阴极保护技术应用 [J]. 公路交通科技，2010

[38] 曹辉，巩位，陈广峰等. 格尔木地区达克罗涂层钢筋的电化学腐蚀研究 [J]. 混凝土，2018

[39] 苏卿. 复合侵蚀性介质作用下隧道衬砌混凝土的病害检测评估 [J]. 混凝土，2018

[40] 何岩东，朱希成等. 海洋浪溅环境下建筑钢筋用聚合物防腐砂浆耐久性能试验研究 [J]. 混凝土与水泥制品，2018

[41] 李明明，毛江鸿等. 养护期电化学除氯提高含氯盐混凝土耐久性的探索与试验 [J]. 混凝土，2018

[42] 日本 Concrete 工学协会. Concreteの劣化と评价 [M]. Concreteの长期耐久性に关する研究委员会报告书，2000

[43] 日本 Concrete 工学协会. Cement 系材料の长期耐久性 [M]. Concreteの长期耐久性に关する研究委员会报告书，2000

[44] 柳桥邦生，吉冈保彦，齐藤俊夫. 超高耐久性 Concrete [J]. Concrete 工学，1994

[45] 浜田秀则，松下博通，大即信明，福手勤. 港湾环境におけるConcrete 中铁筋の腐食に及ぼす气象. 海象条件の影响 [J]. Concrete 工学，1994

[46]　T. U. Mohammed，N. Otsuki，M. Hisada and H. Hamada. Marine Durability of 23 years old Reinforced Concrete Beams Proceedings//Fifth International Conference on Durability of Concrete. ACI. SP-192，June 2000

[47]　高耐久性铁筋 Concrete 造设计施工指针（案）. 同解说［M］. 日本建筑学会，1997

[48]　大谷博他 3 名. Concrete のひぴ割れ防止设计. 施工指针［M］. 东急建设建筑施工 Manual，1993

[49]　宗永芳. Concrete のひぴ割れとその对策［J］. 建筑技术，1994

[50]　日本建筑学会. 铁筋 Concrete 造建筑物の耐久设计施工指针（案）. 同解说［M］，东京. 2004

[51]　大即信明，小林明夫他著：盐害（Ⅰ）Concrete 构造物の耐久性シリ-ズ［M］. 技报堂出版，1986